高新技能型紧缺人才培养系列教材·模具专业

模具 CAD/CAM/CAE

薛兆鹏　王井玲　主　编
段　虹　副主编

北京航空航天大学出版社

内 容 简 介

全书共分8章,第1章、第2章介绍模具 CAD/CAM/CAE 的基本理论,第3章介绍注射模 CAD 系统的技术、内容和使用方法,第4章介绍级进模 CAD 系统的技术、内容和使用方法,第5章介绍模具 CAM 的相关技术和使用方法,第6章介绍当前快速发展的注塑模具 CAE 的相关技术和使用方法,第7章介绍冲压模具 CAE 的相关技术和使用方法,第8章介绍了包括高速加工、逆向工程、快速成形、虚拟制造等模具 CAD/CAM 领域的新技术,使读者了解模具行业将来的发展方向。

基于本课程在高职高专机类专业知识、能力构成中的位置及本门技术的特点,本教材充分体现了理论内容"以必需、够用为度"的特点,突出应用能力和创新素质的培养。

本书可作为普通高等专科学校、高等职业类学校以及民办高校机类及机电类数控(模具)专业的教材,也可供有关的工程技术人员参考。

图书在版编目(CIP)数据

模具 CAD/CAM/CAE/薛兆鹏,王井玲主编. --北京:
北京航空航天大学出版社,2010.2
ISBN 978-7-81124-993-4

Ⅰ.①模… Ⅱ.①薛… ②王… Ⅲ.①模具—计算机辅助设计 ②模具—计算机辅助制造 Ⅳ.①TG76-39

中国版本图书馆 CIP 数据核字(2010)第 004603 号

模具 CAD/CAM/CAE

薛兆鹏 王井玲 主 编
段 虹 副主编
责任编辑 李文轶

*

北京航空航天大学出版社出版发行

北京市海淀区学院路37号(100191) 发行部电话:(010)82317024 传真:(010)82328026
http://www.buaapress.com.cn E-mail:bhpress@263.net
北京时代华都印刷有限公司印装 各地书店经销

*

开本:787 mm×1 092 mm 1/16 印张:10.75 字数:275千字
2010年2月第1版 2010年2月第1次印刷 印数:4 000册
ISBN 978-7-81124-993-4 定价:20.00元

前　言

本套模具(数控)专业系列教材的编写立足培养21世纪的高新技能专业人才,针对高等职业教育的特点,体现高等职业教育在实用性、新颖性和通用性方面的特殊要求,贯彻培养学生应用能力和创新素质的方针。在编写时力求贯彻少而精,理论联系实际的原则,内容适度、易懂,突出理论知识的应用和加强针对性。

《模具 CAD/CAM/CAE》一书全面贯彻有关现行国家标准,突出"以必须,够用为度"的原则,坚持"少而精",贯彻通俗易懂、循序渐进的原则,紧密围绕培养学生分析问题、解决问题的能力。

全书共分8章。第1章、第2章介绍模具 CAD/CAM/CAE 的基本理论,第3章介绍注射模 CAD 系统的技术、内容和使用方法,第4章介绍级进模 CAD 系统的技术、内容和使用方法,第5章介绍模具 CAM 的相关技术和使用方法,第6章介绍当前快速发展的注塑模具 CAE 的相关技术和使用方法,第7章介绍冲压模具 CAE 的相关技术和使用方法,第8章介绍了包括高速加工、逆向工程、快速成形、虚拟制造等模具 CAD/CAM 领域的新技术。本书主要介绍了模具 CAD/CAM/CAE 技术方向的基本知识,和在注塑模具和冲压级进模设计中使用计算机相关软件必须了解和掌握的相关知识。让读者掌握当前模具 CAD/CAM/CAE 行业流行的软件和技术,并了解本行业未来发展的方向,有利于以这些技术充实自身,在模具行业中始终处于不败之地。

本书由薛兆鹏、王井玲、段虹共同编写,其中,薛兆鹏编写第1、5、6章,王井玲编写第4、7、8章,段虹编写第2、3章。本书由薛兆鹏、王井玲担任主编,段虹担任副主编。

本书可作为普通高等专科学校、高等职业类学校以及民办高校机类及机电类模具专业的教材,也可供有关的工程技术人员参考。

由于编者水平所限,书中难免存在缺点和错误,敬请广大同行和读者批评指正。

编　者
2009.8

目 录

第1章 模具 CAD/CAM/CAE 概述 ... 1
1.1 CAD/CAM/CAE 基本概念 ... 1
1.2 CAD/CAM/CAE 技术的基本特点 ... 1
1.3 CAD/CAM/CAE 技术在模具行业中的应用 ... 2
1.3.1 CAD/CAM/CAE 技术的应用领域 ... 2
1.3.2 模具 CAD/CAM/CAE 技术的优越性 ... 3
1.3.3 模具 CAD/CAM/CAE 技术的特点 ... 4
1.4 模具 CAD/CAM/CAE 系统组成 ... 4
1.4.1 模具 CAD/CAM/CAE 系统的硬件构成 ... 4
1.4.2 模具 CAD/CAM/CAE 系统的软件组成 ... 5
1.5 模具 CAD/CAM/CAE 技术的发展趋势 ... 7
1.6 模具 CAD/CAM/CAE 常用软件简介 ... 7
1.6.1 小型 CAD/CAM 软件 ... 8
1.6.2 大型 CAD/CAM/CAE 集成软件 ... 10
1.6.3 有限元分析专用软件 ... 12

第2章 模具 CAD/CAM/CAE 基础技术 ... 15
2.1 图形处理技术 ... 15
2.1.1 常见交互技术 ... 15
2.1.2 参数化技术 ... 16
2.2 产品数据交换技术 ... 21
2.2.1 IGES 标准 ... 21
2.2.2 STEP 标准 ... 23
2.3 产品零件造型 ... 25
2.3.1 线框造型 ... 26
2.3.2 表面造型 ... 27
2.3.3 实体造型 ... 27
2.3.4 特征造型 ... 28

第3章 注射模 CAD 技术 ... 33
3.1 注射模 CAD 概述 ... 33
3.1.1 注射模设计技术的发展阶段 ... 33
3.1.2 CAD 技术在注射模中的应用 ... 34

          3.1.3 注射模 CAD 技术的发展趋势 ………………………………………… 35
    3.2 注射模 CAD 的主要内容 ……………………………………………………… 35
          3.2.1 注射模工作原理和结构组成 ……………………………………………… 35
          3.2.2 注射模 CAD 系统的工作流程 …………………………………………… 37
    3.3 注射模成型零部件 CAD ……………………………………………………… 39
    3.4 注射模标准模架的建库与选用 ………………………………………………… 42
          3.4.1 装配模型的定义 ……………………………………………………………… 42
          3.4.2 标准模架装配模型的建立 …………………………………………………… 42
          3.4.3 标准模架装配模型的管理与调用 …………………………………………… 46
    3.5 注射模典型结构与零件设计 CAD …………………………………………… 46
          3.5.1 浇注系统设计 ………………………………………………………………… 47
          3.5.2 侧向抽芯机构设计 …………………………………………………………… 48
          3.5.3 脱模和顶出机构设计 ………………………………………………………… 50
          3.5.4 冷却系统设计 ………………………………………………………………… 51
    3.6 UG 软件针对注射模具制造的功能 …………………………………………… 51
          3.6.1 Mold Wizard 模块概述 …………………………………………………… 52
          3.6.2 Mold Wizard 模块应用实例 ……………………………………………… 53

第 4 章 级进模 CAD 技术 ……………………………………………………… 61

    4.1 级进模 CAD 系统概述 ………………………………………………………… 61
          4.1.1 级进模 CAD 系统发展概况 ………………………………………………… 61
          4.1.2 级进模 CAD 系统的组成结构 ……………………………………………… 62
          4.1.3 级进模 CAD 系统的发展趋势 ……………………………………………… 62
    4.2 级进模 CAD 系统的结构与功能 ……………………………………………… 63
          4.2.1 级进模 CAD 系统的总体结构 ……………………………………………… 63
          4.2.2 级进模 CAD 系统的功能模块 ……………………………………………… 63
          4.2.3 级进模 CAD 系统的数据流 ………………………………………………… 65
          4.2.4 级进模 CAD 系统的相关技术 ……………………………………………… 65
    4.3 UG/PDW 的应用介绍及实例 ………………………………………………… 68
    4.4 其他专用冲模 CAD 技术 ……………………………………………………… 76
          4.4.1 汽车覆盖件模具 CAD 技术 ………………………………………………… 76
          4.4.2 集成电路引线框架多位精密级进模 CAD 技术 …………………………… 77

第 5 章 模具 CAM 技术 ………………………………………………………… 79

    5.1 模具数控加工概述 ……………………………………………………………… 79
          5.1.1 模具制造的要求 ……………………………………………………………… 79
          5.1.2 模具数控加工的特点 ………………………………………………………… 80
    5.2 模具数控编程系统 ……………………………………………………………… 81
          5.2.1 数控机床 ……………………………………………………………………… 81

5.2.2 数控加工 ·· 81
　　5.2.3 数控编程系统 ··· 81
5.3 利用 CAM 系统进行自动编程的基本步骤 ······················· 82
5.4 UG 的 CAM 功能介绍 ·· 83
　　5.4.1 UG 加工模块综述 ··· 83
　　5.4.2 刀具轨迹的管理 ··· 85
　　5.4.3 UG 铣削加工方法介绍 ···································· 85
5.5 CAM 的后置处理 ··· 95
　　5.5.1 UG NX 后处理简介 ·· 95
　　5.5.2 后处理编辑器 ·· 95

第 6 章 注塑模具 CAE 技术 ··· 97

6.1 注塑成型基础知识 ··· 97
　　6.1.1 注塑成型定义 ·· 97
　　6.1.2 注塑成型工艺过程 ··· 98
　　6.1.3 注塑成型工艺条件 ··· 99
6.2 常见注塑制品缺陷及产生原因 ···································· 100
　　6.2.1 短 射 ·· 100
　　6.2.2 气 穴 ·· 101
　　6.2.3 熔接痕和熔接线 ·· 102
　　6.2.4 滞 流 ·· 102
　　6.2.5 飞 边 ·· 103
　　6.2.6 跑道效应 ·· 103
　　6.2.7 过保压 ··· 104
　　6.2.8 色 差 ·· 104
　　6.2.9 喷 射 ·· 105
　　6.2.10 不平衡流动 ·· 105
6.3 注塑模 CAE 技术 ·· 105
　　6.3.1 注塑模 CAE 的内容 ······································· 105
　　6.3.2 注塑模 CAE 技术的原则 ································· 106
　　6.3.3 注塑成型模拟技术 ··· 106
6.4 MoldFlow 软件简介 ··· 107
　　6.4.1 MoldFlow 软件功能 ······································· 107
　　6.4.2 MoldFlow 软件的作用 ···································· 109
6.5 MoldFlow 分析实例 ··· 109

第 7 章 冲压模具 CAE 技术 ··· 121

7.1 概 述 ··· 121
　　7.1.1 CAE 技术在冲压模具设计中所能解决的问题 ········ 121

7.1.2　计算机仿真技术在冲压模具设计中的应用 …………………………… 122
　7.2　冲压成形过程模拟软件简介 …………………………………………………… 122
　　　7.2.1　有限元法简介 ………………………………………………………… 122
　　　7.2.2　有限单元法分析过程概述 …………………………………………… 123
　　　7.2.3　常用软件介绍 ………………………………………………………… 124
　7.3　AutoForm 冲压成形模拟实例 ………………………………………………… 126
　　　7.3.1　AutoForm 窗口介绍 …………………………………………………… 126
　　　7.3.2　模拟过程 ……………………………………………………………… 127

第 8 章　模具 CAD/CAM 领域的新技术 ………………………………………… 143

　8.1　高速加工技术 …………………………………………………………………… 143
　　　8.1.1　高速加工概述 ………………………………………………………… 143
　　　8.1.2　高速加工的定义 ……………………………………………………… 144
　　　8.1.3　高速加工中心的类型 ………………………………………………… 144
　　　8.1.4　高速加工的特点 ……………………………………………………… 145
　　　8.1.5　高速加工的关键技术 ………………………………………………… 145
　　　8.1.6　高速加工技术在模具行业的应用 …………………………………… 147
　8.2　逆向工程技术 …………………………………………………………………… 148
　　　8.2.1　逆向工程概述 ………………………………………………………… 148
　　　8.2.2　逆向技术的应用 ……………………………………………………… 149
　　　8.2.3　实物逆向的研究内容 ………………………………………………… 150
　　　8.2.4　影像逆向技术 ………………………………………………………… 153
　　　8.2.5　逆向工程技术相关软件 ……………………………………………… 153
　　　8.2.6　逆向工程技术的发展趋势 …………………………………………… 153
　8.3　快速成形技术 …………………………………………………………………… 154
　　　8.3.1　RP 技术的工作原理和特点 …………………………………………… 154
　　　8.3.2　RP 技术在模具行业的应用 …………………………………………… 155
　　　8.3.3　常见的快速成形技术 ………………………………………………… 155
　　　8.3.4　RP 技术的展望 ………………………………………………………… 158
　8.4　虚拟制造技术 …………………………………………………………………… 158
　　　8.4.1　虚拟制造和虚拟制造系统的基本概念 ……………………………… 158
　　　8.4.2　虚拟制造技术的应用 ………………………………………………… 159
　　　8.4.3　虚拟制造技术的展望 ………………………………………………… 159

参考文献 ……………………………………………………………………………… 161

第1章　模具 CAD/CAM/CAE 概述

模具是工业生产中的基础工艺装备,是一种高附加值的高技术密集型产品,也是高新技术产业化的重要领域。模具工业是国民经济的重要基础工业之一,其技术水平的高低已成为衡量一个国家制造业水平的重要标志。按照模具成型的特点,模具分为冲压模具、注塑模具、压铸模具、锻造模具、铸造模具、粉末冶金模具和橡胶模具等几大类,但注塑模具及金属冷冲压模具占到模具总量的 90% 左右。

模具的设计与加工水平直接关系到产品的质量与更新换代。随着工业的发展,人们愈来愈关注如何缩短模具设计与加工的生产周期及怎样提高模具加工的质量,传统的模具设计与制造方法已不能适应产品及时更新换代和提高质量的要求。一些先进工业国家率先将计算机技术应用于模具工业,即应用计算机进行产品构型、工业设计与成形工艺模拟,以及模具结构设计并输出模具图与编制模具加工代码,应用 NC 和 CNC 机床加工模具,从而实现了模具 CAD/CAM/CAE(计算机辅助设计、辅助制造和辅助工程)一体化系统,达到提高模具设计效率与加工质量、缩短模具生产周期的目的。特别 2003 年以来,模具 CAD/CAM/CAE 技术发展很快,应用范围日益扩大,并已取得了可观的经济效益。

1.1　CAD/CAM/CAE 基本概念

CAD/CAM/CAE 技术就是计算机辅助设计、辅助制造与辅助工程(Computer Aided Design/Computer Aided Manufacturing/Computer Aided Engineering)的简称,是计算机技术与制造技术相互结合、渗透而形成的一门综合应用技术。CAD/CAM/CAE 技术的出现改变了传统的设计与制造方式,广泛应用于机械、电子、航空、航天、船舶和轻工等领域。CAD/CAM/CAE 技术不是传统设计、制造流程和方法的简单映像,也不是局限在个别步骤或环节中部分地应用计算机作为工具,而是将计算机科学与工程领域的专业技术以及人的智慧和经验通过现代的科学方法结合起来,在设计、制造的全过程中各尽所长,尽可能利用计算机系统来完成那些重复性高、劳动量大、计算复杂以及单纯用人工难以完成的工作,辅助而非代替工程技术人员完成整个过程,以获得最佳效果。CAD/CAM/CAE 系统以计算机硬件、软件为支持环境,通过各个功能模块(分系统)实现对产品的描述(几何建模)、计算、分析、优化、绘图、工艺设计、NC 编程、仿真和检测。而广义的 CAD/CAM/CAE 集成系统还应包括生产规划、管理和质量控制等方面。

1.2　CAD/CAM/CAE 技术的基本特点

CAD/CAM/CAE 技术的基本特点有如下几个方面:

① CAD/CAM/CAE 系统是设计、制造过程中的信息处理系统,它克服了传统手工设计和手工制造的缺陷,具有高速、准确和高效的计算功能,图形处理、文字处理功能,以及对大量

各类数据的存储、传递和加工功能。

② CAD/CAM/CAE 技术是应用计算机技术,以产品信息建模为基础,以计算机图形处理为手段,以工程数据库为核心,对产品进行定义、描述和结构设计,用工程计算方法进行分析和仿真,用工艺知识决策加工方法等设计制造活动的信息处理系统。通常将 CAD/CAM/CAE 系统的功能归纳为几何建模、计算分析、工程绘图、工程数据库的管理、工艺设计、数控编程和加工仿真等几方面,因而需要计算分析方法库、图形库和工程数据管理库等资源的支持。

1.3 CAD/CAM/CAE 技术在模具行业中的应用

目前,CAD/CAM/CAE 技术已经广泛应用于模具设计和制造。在冲模、锻模、挤压模、注塑模和压铸模等方面都有成熟的 CAD/CAM/CAE 系统。

1.3.1 CAD/CAM/CAE 技术的应用领域

1. 在金属成形模具中的应用

20 世纪 50 年代末期,国外一些科研院所便开始研究开发冷冲模 CAD/CAM/CAE 系统。1971 年,美国 DieComp 公司成功地开发了级进模计算机辅助设计系统 PDDC。应用该系统可以完成冷冲模设计的全部过程,其中包括输入产品图形和技术条件;确定操作顺序、步距、空位和总工位数;绘制排样图;输出模具装配图、零件图和压力机床参数;生成数控线切割程序等。1977 年捷克金属加工工业研究院研制成功 AKT 系统,它可以用于简单、复合和连续冲裁模的设计和制造。20 世纪 70 年代末期,日本机械工程实验室和日本旭光学工业公司分别开发了连续模设计系统 MEL 和冲孔弯曲模系统 PENTAX。1982 年日立公司研制了冲裁模 CAD 系统。使用这些系统进行模具设计制造,大大缩短了模具开发周期,降低了生产成本,提高了生产效率。

CAD/CAM/CAE 在冲压模具设计与制造中的应用,主要可归纳为以下 6 个方面:
① 利用几何造型技术完成复杂模具几何设计;
② 完成工艺分析计算,辅助成型工艺的设计;
③ 建立标准模具零件和结构的图形库,提高模具结构和模具零件设计效率;
④ 辅助完成绘图工作,输出模具零件图和装配图;
⑤ 利用计算机完成有限元分析和优化设计等数值计算工作;
⑥ 辅助完成模具加工工艺设计和 NC 编程。

2. 在注塑模具中的应用

注塑模 CAD/CAM/CAE 技术主要从两个方面对技术人员提供强有力的帮助:一是应用 CAE 技术对模具进行有限元结构力学分析、流动分析模拟和冷却分析模拟等;二是完成注塑模结构 CAD,包括塑料产品的建模、模具总体结构方案设计和零部件设计,数控仿真和数控程序生成,模具模拟装配,零件图和装配图的生成与绘制等。这些技术大大提高了模具制造的精度,缩短了新产品的试制周期,甚至可以一次试模成功。

20 世纪 60 年代中期,英国、美国和加拿大等国学者完成注塑过程一维流动与冷却分析;70 年代完成二维分析程序;80 年代开始对三维流动与冷却分析进行研究;进入 90 年代,对流动、保压、冷却和应力分析注塑成型全过程进行集成化研究,这些研究为开发实用的注塑模

CAE软件奠定了坚实的基础。注塑模具CAD/CAM/CAE的主要工作包括以下10项内容：
① 塑料制品的几何造型；
② 模腔分型面的生成；
③ 模具结构方案设计；
④ 模架的设计和选择；
⑤ 模具相关图纸(装配图、零件图)的生成；
⑥ 注塑工艺条件及注塑模材料的优选；
⑦ 注塑流动及保压过程模拟；
⑧ 冷却过程分析；
⑨ 力学分析；
⑩ 数控加工。

1.3.2 模具CAD/CAM/CAE技术的优越性

模具CAD/CAM/CAE技术的优越性主要表现在以下4个方面。

1. 提高模具设计和制造水平从而提高模具质量

在计算机系统内存储了有关专业的综合性的技术知识，为模具的设计和制造工艺的制定提供了科学依据。计算机与设计人员交互作用，有利于发挥人机各自的特长，使模具设计和制造工艺更加合理化。系统采用的优化设计方法有助于某些工艺参数和模具结构的优化。采用CAD/CAM/CAE技术极大地提高了加工能力，可加工传统方法难以加工或根本无法加工的复杂模具型腔，满足了生产需要。

2. 节省时间以提高效率

在市场竞争激烈、产品更新频繁的形势下，生产周期长短往往成为某些产品赖以生存的重要条件。传统生产周期多以"年"、"月"或"周"计算，采用CAD/CAM/CAE技术可大大缩短模具设计制造周期，模具设计时间可以"小时"或"分钟"计算。例如，某些非标准型材模、现代鞋模和家电、日用品模具往往是客户提出构思后，几小时内完成设计，2~3天以后交付模具。模具CAD/CAM/CAE是保证产品参与市场竞争的重要条件。正因为如此，汽车工业、各种家用电器、玩具、钟表、服装、鞋帽……凡市场竞争激烈又可用模具生产的行业，几乎都非常重视模具CAD/CAM/CAE技术。

3. 较大幅度降低成本

计算机的高速运算和自动绘图大大节省了劳动力。模具优化设计节省了原材料，例如，冲压件毛坯优化排样可使材料利用率提高5%~7%。采用CAM技术可减少模具在加工和调试上的耗时，使制造成本降低。由于采用CAD/CAM/CAE技术，生产准备时间缩短，产品更新换代加快，大大增强了产品的市场竞争能力。

4. 提高计算效率

将技术人员从繁冗的计算、绘图和NC编程中解放出来，使其可以从事更多的创造性劳动。据统计，在某些设计过程中，设计人员仅有10%~20%的时间用于构思，而用80%~90%的时间用于查找手册和绘图。使用计算机查阅设计中所需的数据及图表，速度快、精度高、不怕繁琐且不易出错；使用计算机进行自动绘图，质量好、速度快、误记和误定少；用于自动编程，可节省工艺人员大量手工劳动。

1.3.3 模具 CAD/CAM/CAE 技术的特点

由于工业产品越来越复杂,更新换代速度越来越快,所以,模具 CAD/CAM/CAE 系统相对于其他 CAD/CAM/CAE 系统更复杂,功能更强大,具有以下特点。

1. 较强的几何建模能力

产品几何模型是 CAD/CAM/CAE 的原始依据,目前,工业产品的几何形状越来越复杂且不规则,因此,模具 CAD/CAM/CAE 系统必须具备较强的几何建模能力。

2. 较强的数据管理能力

为了便于交流和提高工作效率,模具结构标准化程度正在逐步提高,模具结构中使用了大量标准件,所以,模具 CAD/CAM/CAE 必须有较强的数据管理能力,建有模具标准件的图形数据库,以便调用。

3. 实用的程序源

模具设计过程中,需要查阅大量的数表和线图,使用许多经验公式。因此,模具 CAD/CAM/CAE 系统必须能对这些数表、线图和公式进行程序化处理,建立程序库。

4. 丰富的工艺数据库

模具制造属单件生产,使用的加工手段多,除采用切削加工手段外,还采用了电加工等特种加工手段,因此,模具 CAD/CAM/CAE 系统应建有丰富的工艺数据库。

1.4 模具 CAD/CAM/CAE 系统组成

系统是指为一个共同目标组织在一起的相互联系的组合,完善的模具 CAD/CAM/CAE 系统应能完成从设计到制造全过程中的各项工作。模具 CAD/CAM/CAE 系统由一系列的硬件和软件组成。硬件由计算机及其外围设备组成,包括主机、存储器、输入输出设备、网络通信设备、生产加工和检测设备;软件通常指程序及相关文档,包括系统软件、支撑软件和应用软件。硬件提供了 CAD/CAM/CAE 系统潜在的能力,而软件则是开发、利用其能力的钥匙,是计算机系统的"灵魂"。模具 CAD/CAM/CAE 系统的组成如图 1.1 所示。

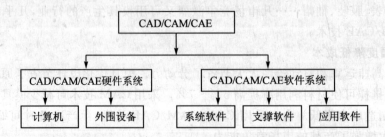

图 1.1 CAD/CAM/CAE 系统的基本组成

1.4.1 模具 CAD/CAM/CAE 系统的硬件构成

模具 CAD/CAM/CAE 系统由以下 3 部分组成。

1. 计算机主机

主机是整个模具 CAD/CAM/CAE 系统的中枢,执行运算和逻辑分析任务,并控制和指挥系统的所有活动。这些活动包括内存和外存之间的信息交换、终端设备的管理和在绘图机上输出图样等。主机由运算器、内部存储器和控制器组成。运算器和控制器合称为中央处理器(CPU)。

2. 外部存储器

模具 CAD/CAM/CAE 系统使用外部存储器的目的在于扩大存储能力,弥补内存的不足。外部存储器可用于存储程序、图形文件、NC 代码和其他软件。

常用的外部存储器有磁盘、磁带和光盘。由于磁盘具有即时存取的特点,在模具 CAD/CAM/CAE 系统中应用较广。光盘一般作为磁盘的后配品,用于保存永久性的档案文件。

3. 输入、输出设备

(1) 输入设备

模具 CAD/CAM/CAE 系统使用的输入设备主要包括键盘、鼠标(图形输入板)、激光扫描仪(二维、三维)和三坐标测量仪等。

鼠标是模具 CAD/CAM/CAE 中最常用的光标控制设备,用来控制屏幕上光标的位置。图形输入板是一个与显示器分离的平板,用触笔或鼠标在图形板上来回书写或绘图时,屏幕上显示的光标反映了触笔或鼠标在图形输入板上的坐标位置。图形输入板和图形显示器的配合使用,曾经是模具 CAD/CAM 系统的一种主要对话方式。

激光扫描仪是采用空间对应法测量原理,利用激光刀对物体表面进行扫描,由 CCD(光电耦合)摄像机采集被测表面的光刀曲线,然后通过计算机处理,最终得到表面的三维几何数据,根据这些数据可以进行快速成形制作或者 CNC 数控加工。

三坐标测量仪是一种高精度的数据采集工具,采用触发式测量头和激光扫描测量头可以方便地对三维复杂零件的表面取点,并与计算机有方便的数据接口,为目前模具 CAD/CAM/CAE 常用的输入设备。

(2) 输出设备

模具 CAD/CAM/CAE 系统使用的输出设备主要包括图形显示器、绘图设备和快速成形机。

在模具 CAD/CAM/CAE 系统中,最常用的绘图设备是工程绘图机。此外,还常常使用喷墨打印机、激光打印机绘制小幅面的图样。

快速成形机是利用计算机辅助设计、激光、数控和新型材料等先进技术,无须任何刀具和夹具,在很短的时间内直接制造出三维复杂形状的产品实物样品。应用快速成形技术,可以在很短的时间内向客户提供物理原形,根据对物理原形的检测评估结果,快速修改设计方案,大大减少新产品开发前期的设计时间和费用。

1.4.2 模具 CAD/CAM/CAE 系统的软件组成

模具 CAD/CAM/CAE 系统的软件可分为系统软件、支撑软件和应用软件三个层次,如图 1.2 所示。

1. 系统软件

系统软件包括负责全面管理计算机资源的操作系统和用户接口管理软件、各种高级语言的编译系统、汇编系统、监督系统、诊断系统和各种专用工具软件等。它是整个软件系统中最核心的部分,直接与计算机硬件相联系,包括 CPU 管理、存储管理、进程管理、文件管理、输入输出管理和作业管理等操作。系统软件与硬件选型、硬件生产厂家紧密相关。在实施模具CAD/CAM/CAE过程中需特别注意选择那些应用较广、具有发展前途和开放式的系统。目前在个人计算机操作系统中,是以 Windows 为主。而 UNIX 操作系统在高档工作站和超级小型机或超级微机中占统治地位,它在操作能力、图形网络和数据库等多用户、多任务方面具有明显的优势,在选择系统软件时应给予认真考虑。

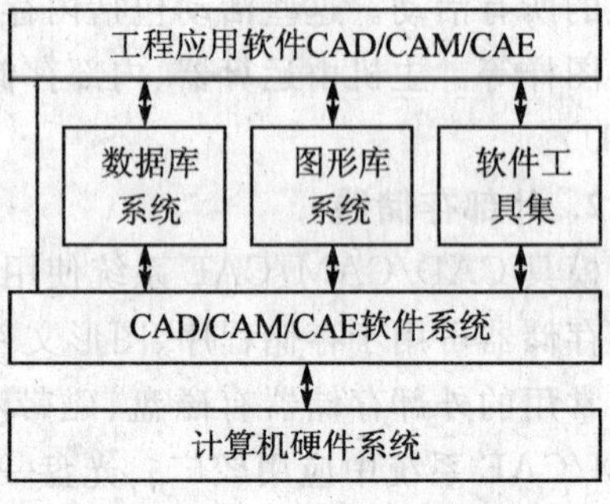

图 1.2 CAD/CAM/CAE 软件组成

2. 支撑软件

支撑软件是建立在系统软件基础上,是开展模具 CAD/CAM/CAE 所需的最基本的软件。它包括图形处理软件、几何造型软件、有限元分析软件、优化设计软件、动态模拟仿真软件、数控加工编程软件、检测与质量控制软件和数据库管理软件等。支撑软件的作用是建立起开发 CAD/CAM/CAE 所需的应用软件平台,能缩短应用软件开发周期,减少应用软件开发的工作量,使应用软件更加贴近国际工业标准和提高应用软件水平。

目前,CAD/CAM/CAE 系统的支撑软件一般可分为集成功能型和单一功能型。集成功能型支撑软件提供了设计、分析、造型和 NC 加工等多个模块,功能比较完善,如美国 PTC 公司的 Pro/Engineer、Siments 公司的 UniGraphics、洛克希德飞机公司的 CADAM、法国 Dassault System 公司的 CATIA 等;单一功能型支撑软件只提供用于实现 CAD/CAM/CAE 中某些典型功能,如 Solid Edge 主要用于三维 CAD,MasterCAM 主要用于 NC 加工,ANSYS 主要用于分析计算等。

CAD/CAM/CAE 系统的支撑软件通常都是已商品化的软件,一般由专门的软件公司开发。用户在组建 CAD/CAM/CAE 时,要根据使用要求来选购配套的支撑软件,形成相应的应用开发环境,既可以以某个集成功能型支撑软件为主来实现,也可以选取多个单一功能型支撑软件的组合来实现,在此基础上进行专用应用程序的开发,以实现既定的 CAD/CAM/CAE 系统的功能。选购软件时,除了要考虑性能价格比的优势外,还要注意供应厂商、培训与支持、用户界面水平及其发展趋势等因素。

3. 应用软件

应用软件直接面向用户,它们是在选定的系统软件和支撑软件的基础上开发的。一般均由工厂、企业或研究单位根据实际生产条件进行二次开发。开发这类软件的宗旨是提高设计效率、缩短模具生产周期和提高质量,使软件更加符合工厂生产实际和便于技术人员使用。这些软件通常均设计成交互式,以便发挥人机的各自特长。企业引进 CAD/CAM/CAE 技术就要做好开发应用软件的思想准备。几乎没有任何一个商品化模具软件能够不经任何二次开发就能贴近所有企业的实际生产情况。近年来,我国从国外引进不少 CAD/CAM/CAE 系统软件,它们都具有很强的图形功能,但在曲面造型和数控加工等方面还有一定局限性。我国大多数模具工厂和中小型企业目前的 CAD/CAM/CAE 技术的应用尚处于初级阶段,应该以选定适合本单位实际情况的软、硬件开发平台,自我开发为主。一些大型企业或 CAD/CAM/CAE 技术已进入较成熟阶段的企业,可以引进成套软件。

1.5 模具CAD/CAM/CAE技术的发展趋势

模具CAD/CAM/CAE技术的发展趋势主要表现在以下5个方面。

1. 集成化

CAD/CAM/CAE系统集成主要有以下4个方面的工作：

① 产品造型技术：实现参数化特征造型和变量化特征造型，以便建立包含几何、工艺、制造和管理等完整信息的产品数据模型；

② 数据交换技术：积极向国际标准靠拢，实现异构环境下的信息集成；

③ 计算机图形处理技术；

④ 数据库管理技术等。

2. 微型化

随着PC机硬件和软件系统的出现和快速发展，以前只能在工作站上运行的CAD/CAM/CAE软件现在也可以在微机上运行。一方面，原来在工作站上运行的著名CAD/CAM/CAE软件（如UG、CATIA）全功能地移植到微机平台，使微机完全对等地实现了工作站环境的处理能力；另一方面，CAD/CAM/CAE软件打破了原有的UNIX环境的桎梏，在Windows平台上全面拓展。微机和Windows环境已经成为CAD/CAM/CAE软件运行和应用的主流平台。

3. 智能化

人工智能技术是通向设计自动化的重要途径。专家系统是当前相当活跃的研究课题。专家系统具有逻辑推理和决策判断能力，将许多经验、准则结合在一起，根据设计目标不断缩小搜索范围，实现设计、制造的自动化。

4. 网络化

CAD/CAM/CAE发展的一条主要途径是网络化。随着微型计算机的普及，可以将多台计算机连成分布式的CAD/CAM/CAE系统，为并行工程提供了条件。

5. 最优化

优化设计一直是人们追求的目标，采用传统方法设计制造的模具一方面成型可靠性较差，另一方面模具强度过高导致浪费材料。模具CAD/CAM/CAE技术使模具优化设计成为可能，通过各种先进的分析软件可以逐步实现优化设计。

1.6 模具CAD/CAM/CAE常用软件简介

目前可以用于模具CAD/CAM/CAE的国内外商品化软件有很多种，其中AutoDesk公司开发的AutoCAD软件是应用最广泛的CAD软件，它优良的二次开发工具使其能够活跃在各类CAD专业领域。早期的AutoCAD软件只是二维绘图工具，后来逐步增加了三维造型功能。20世纪末在PC平台上开发了三维机械CAD系统MDT，它以三维设计为基础，集设计、分析、制造以及文档管理等多种功能为一体；为用户提供了从设计到制造的一体化解决方案。

自20世纪90年代以来，国内高等院校也先后开发了功能较全的软件，如开目CAD是基于微机平台的CAD和图纸管理软件，支持多种几何约束及多视图同时驱动，具有局部参数化的功能,能够处理设计中的过约束和欠约束的情况,实现了 CAD、CAPP 和 CAM 的集成。高华 CAD 系列产品包括计算机辅助绘图支撑系统 GHDrafting、机械设计及绘图系统 GHMDS、工艺设计系统 GHCAPP、三维几何造型系统 GHGEMS、产品数据管理系统 GHPDMS 及自动数控编程系统 GHCAM。CAXA 是国产 CAD/CAM/CAE 软件,其初级产品 CAXA 电子图板具有较广泛的应用,可帮助设计人员进行零件图、装配图、工艺图表和平面包装的设计。这些国内开发的软件价格较低,一般只能用于简单零部件的设计与制造。在进行复杂模具的 CAD/CAM/CAE 时,国外软件还是主流。考虑到国内开发的软件学习起来比较容易,本节只对几种常用的国外软件作简要介绍。

1.6.1 小型 CAD/CAM 软件

1. SolidWorks

SolidWorks 是 SolidWorks 公司推出的基于 Windows 平台的全参数化特征造型软件,包括结构分析、运动分析、工程数据管理和数控加工等,它可以十分方便地实现复杂的三维零件实体造型、复杂装配和生成工程图,并且在建模时可以实现协同工作。SolidWorks 软件还提供了用于模具设计的插件 MoldBase,它能够在用 SolidWorks 进行模具设计时提供标准的模架,并快速完成模具设计。

利用 MoldBase 进行标准模架的三维设计时,只需要选择供应商、模架类型、尺寸规格、模板厚度以及其他参数就可以生成模架的三维模型实体。设计师的精力可以集中在模具设计的关键处,如型腔和型芯的设计、流道和浇口的安排及冷却管道的布置等。

MoldBase 能够提供国际一流模架生产厂商的标准模架,如 DME、Superior、PCS、HASCO、Progressive 等。除了完整的装配模架以外,MoldBase 还提供大量的模具标准件,如螺栓、顶杆、顶管、定位环、A 型模板、B 型模板、返回杆、圆柱销、圆锥销、直导套、带肩导套、注口套、支撑柱及轴衬等。

MoldBase 还为模具设计提供了常用的造型特征,如平底沉孔、埋头螺孔、螺纹、穿过若干模板的系列孔、管接头及管螺纹孔等。

SolidWorks 提供给模具设计师新的工具来提高工作效率。凹模和凸模命令使得两个主要模具零件设计实现了自动化。用户只需制定好模具钢材的尺寸,SolidWorks 就会自动完成剩下的工作。过切分析在生产模具前能够自动检测潜在的问题,节省了模具制造厂的时间和金钱。表面合模命令能够自动定位和封闭凹模和凸模。厚度分析工具能够检测模型的各个部分,避免流体经过模具受限制的部位或避免成品的缺陷。工具可以自动创建分模线、分模表面和有效的排气孔。

2. Cimatron

Cimatron 系统是以色列的 CAD/CAM/PDM 产品,该系统提供了比较灵活的用户界面,优良的三维造型、工程绘图,全面的数控加工,各种通用、专用数据接口以及集成化的产品数据管理。Cimatron 公司推出的全新中文版本 Cimatron E8.0,其 CAD/CAM 软件解决方案包括一套易于 3D 设计的工具,允许用户方便地处理获得的数据模型或进行产品的概念设计。8.0 版本在设计方面以及数据接口方面都有了非常明显的进步。

(1) 产品设计

Cimatron 支持几乎所有当前业界的标准数据信息格式,这些接口包括:IGES、VDA、

DXF、STL、Step、RD-PTC、中性格式文件、UG/ParaSolid、SAT、CATIA 和 DWG 等,同时 Cimatron 也提供了支持 CATIA 最新版本 V5 系列格式。Cimatron 混合建模技术,具有线框造型、曲面造型和参数化实体造型手段。曲面和线框造型工具是基于一些高级的算法,这些算法不仅能生成完整的几何实体,而且能对其灵活的控制和修改。基于参数化,变量化和特征化的实体造型意味着自由和直观的设计。可以非常灵活地定义和修改参数和约束。不受模型生成秩序的限制。草图工具利用智能的导引技术来控制约束。简捷的交互意味着高效的设计和优化。

(2) 加工模具设计

在加工以及模具的设计方面,MoldDesign 是基于三维实体参数的解决方案,它实现了三维模具设计的自动化,能自动完成所有单个零件、已装配产品及标准件的设计和装配用户可以方便地定义用来把模型分成型芯、型腔、嵌件和滑块的方向。基于 Windows 窗口的界面包含了菜单、工具条、颜色编码、图案和对话框,可以定义分模线,从而使分模面的定义更加方便迅速。组件的动态移动可形象地说明模具的设计。

Cimatron 的电极设计(QuickElectrode)专门针对模具设计过程中电极的设计与制造,使电极的设计、制造以及工艺图纸和管理信息实现自动化。使用 Cimatron 的电极设计使得用户的工作效率与传统方式相比提高 80%。丰富全面的电极设计与加工自动化程序加速了电极分析、电极提取、电极生成和电极文档的建立,同时允许多个用户同时对一零件进行操作。

(3) Cimatron NC

Cimatron NC 支持从 2.5 到 5 轴高速铣削,毛坯残留知识和灵活的模板有效地减少了用户编程和加工时间。Cimatron NC 提供了完全自动基于特征的 NC 程序以及基于特征和几何形状的 NC 自动编程。

5 轴铣削加工的功能,包括 5 轴联动铣削、侧刃铣削和深腔铣削等。先进的科学算法使得加工轨迹更为优化。目前,在 Cimatron NC 中还增加了刀具夹头干涉检查功能。这样,即使在刀具较短、切削速率较高的情况下也能完成加工的任务,并且能够延长刀具的使用寿命。

Cimatron NC 完全集成 CAD 环境,在整个 NC 流程中,程序为用户提供了交互式 NC 向导,并结合程序管理器和编程助手把不同的参数选项以图形形式表示出来。用户不需要重新选取轮廓就能够重新构建程序,并且能够连续显示 NC 程序的产生过程和用户任务的状态。可以说,Cimatron NC 提高了整个生产过程的效率,突破了我们日常加工中的瓶颈。

2.5 轴钻孔和铣削解决方案中,快速钻孔能自动识别出 3D 模型、曲面模型和模型中的孔特征,通过预定义的形状模板自动地创建高效钻孔程序。

3 轴粗加工程序提供了多种加工策略,我们可以通过加工区域、边界曲线以及检查曲面来限制加工范围,并且全面支持高速铣削。

3 轴精加工程序提供了基于模型特征的多种加工策略,几何形状的分析带高效率及高质量的曲面精度。水平和垂直区域可以用等高加工、自适应层、真环切以及 3D 等步距等策略,精加工还包括诸如清根和笔式的残料加工以及为高速铣削服务的优化选项。

此外 3 轴残留毛坯加工、残料加工、插铣、高速铣削、智能 NC 等,也都体现了 Cimatron NC 独特的适用于模具加工的先进技术。

3. Mastercam

Mastercam 是美国 CNC Software 公司开发的基于微机的 CAD/CAM 软件,V5.0 以上版

本运行于 Windows 操作系统。Mastercam8.0 主要包括 3 大模块：Design、Lathe 和 Mill。

软件的 Design 模块可以构建 2D 或 3D 图形，特别适用于具有复杂外形及各种空间曲面的模具类零件的建模和造型设计。在其曲面造型功能中，采用 NURBS、PARAMETRICS 等数学模型，有十多种生成曲面的方法，还具有曲面修剪、曲面倒圆角、曲面偏移、延伸等编辑功能。还新增了实体造型功能，实体造型以 PARASOLID 为核心，具有强大的倒角、抽壳、布尔运算、延伸和修剪等功能。

在 CAM 方面包括了铣削加工模块（Mill）、车削加工模块（Lathe）、线切割加工（wire EDM）等主要模块，适用于机械设计与制造的各个领域。它采用图形交互式自动编程方法实现 NC 程序的编制。编程人员根据屏幕提示的内容，选择菜单目录或回答计算机的提问，直至将所有问题回答完毕，即可自动生成 NC 程序。

Mill 模块主要用于生成铣削加工刀具路径，包括二维加工系统及三维加工系统。其二维加工系统包括外形铣削、型腔加工、面加工及钻孔、镗孔、螺纹加工等。三维加工系统包括曲面加工、多轴加工和线架加工系统。在其多重曲面的粗加工及精加工中包括等高线加工、环绕等距加工、平行式加工、放射状加工、拉插刀方式加工、投影加工、沿面加工、浅平面及陡斜面加工等。同时还可以进行刀具路径的投影、路径模拟、加工模拟及后处理等。

Lathe 模块主要用于生成车削加工刀具路径，可以进行精车、粗车、车螺纹、径向切槽、钻孔和镗孔等加工。

NC 程序的自动产生是受软件的后置处理功能控制的，不同的加工模块（如车削、铣削、线切割等）和不同的数控系统对应于不同的后处理文件。软件的后置处理参数可以根据系统要求和使用者的编程习惯进行必要的修改和设定。Mastercam 拥有车削、铣削、钻削和线切割等多种加工模块，允许用户通过观察刀具运动来图形化的编辑和修改刀具路径。另外，软件提供多种图形文件接口，包括 DXF、IGES、STL、STA 和 ASCII 等。

1.6.2 大型 CAD/CAM/CAE 集成软件

大型 CAD/CAM/CAE 集成软件主要有以下 3 种。

1. UniGraphics

UniGraphics（简称 UG）软件是目前国际、国内应用最为广泛的大型 CAD/CAM/CAE 集成化软件之一。UG 起源于美国麦道飞机公司，20 世纪 60 年代起成为商业化软件，1991 年并入美国 EDS 公司。多年来，UG 软件汇集了美国航空航天与汽车工业的专业经验，现已发展成为世界一流的集成化 CAD/CAM/CAE 软件，具有十分强大的造型、绘图、装配、分析计算、多种数控加工、仿真及强大的二次开发工具，在中国航空、汽车、模具行业有较广泛的应用。

利用该软件可以精确描述绝大多数几何实体，高效快捷地完成各种设计工作。以后章节将介绍 UG 的界面环境和基本操作、二维图形的创建、草绘模式、三维实体的创建、曲面的创建、冲压模具和塑料模具的完整设计过程等。

2. Pro/Engineer

Pro/Engineer 是美国参数技术公司（Parametric Technology Corporation 简称 PTC）的产品，通常简称 Pro/E，在机械、电子、航空、航天、邮电、兵工和纺织等各行各业都有应用。该软件在 1988 年首次推出时就以其先进的参数化设计、基于特征设计的实体造型而深受用户的欢迎。此外，Pro/E 一开始就建立在工作站上，使系统独立于硬件，便于移植；该系统用户界面简洁、概念清晰，符合工程人员的设计思想与习惯。Pro/E 整个系统建立在统一的数据库上，具有完整而统一的模型，能够让多个部门同时致力于单一的产品模型，能将整个设计至生产过程集成在一起，支持并行工作，它一共有 20 多个模块供用户选择，包括对大型项目的装配体管理、功能仿真、制造和数据管理等。其中运行于 Windows 和 UNIX 平台上，与模具设计制造相关的有以下 3 个模块。

（1）机械设计（CAD）模块

机械设计模块是一个高效的三维机械设计工具，它可绘制任意复杂形状的零件。Pro/E 生成自由曲面的方法有拉伸、旋转、放样、扫掠、网格和点阵等。由于生成曲面的方法较多，因此 Pro/E 可以迅速建立任何复杂曲面。它支持 GB、ANSI、ISO 和 JIS 等标准，既能作为高性能系统独立使用，又能与其他实体建模模块结合起来使用。

（2）制造（CAM）模块

在模具行业中用到的 CAM 制造模块中的功能是 NC 加工。Pro/E 软件具备刀具轨迹自动生成及其仿真和后置处理功能，可以直接生成适用于不同数控机床的数控程序。

（3）仿真分析（CAE）模块

仿真分析模块主要进行有限元分析，能自动生成各种网格单元。利用该功能，在满足零件受力要求的基础上，便可充分优化零件的设计，减轻零件的质量或改善其应力分布而增强零件的可靠性。

3. CATIA

CATIA 系统是法国达索（DASSAULT）飞机公司 Dassault Systems 工程部开发的高档 CAD/CAM 软件。CATIA 软件以其强大的曲面设计功能而在飞机、汽车和轮船等设计领域享有很高的声誉。CATIA 的曲面造型功能体现在它提供了极丰富的造型工具来支持用户的造型需求。比如其特有的高次 Bezier 曲线曲面功能，次数能达到 15，能满足特殊行业对曲面光滑性的苛刻要求。

CATIA 系统是集成化的 CAD/CAM/CAE 系统，它具有统一的用户界面、数据管理以及兼容的数据库和应用程序接口，并拥有 20 多个独立计价的模块。新的 CATIA V5R14 增加了即时协同设计功能，允许设计师实时或离线式工作于同一设计，告知相关信息。强化了模具设计功能，更好地解决了通用机械的铸件建模问题。具备一流的多学科设计优化功能，充分发挥 CATIA 结构分析优化作用，可以大大提高决策支持和产品质量。该系统扩展了加工方案，增加多型腔零件加工编程和多工位车削加工编程，工程师很容易充分发挥复合机床的优势。

CATIA 有以下 12 种主要功能模块。

① 装配设计（ASS）模块：CATIA 装配设计可以使设计师建立并管理基于 3D 零件机械装配件。装配件可以由多个主动或被动模型中的零件组成。零件间的接触自动地对连接进行定义，方便了 CATIA 运动机构产品进行早期分析。基于先前定义零件的辅助零件定义和依据其之间接触进行自动放置，可加快装配件的设计进度，后续应用可利用此模型进行进一步的设计、分析和制造等。

② Drafting（DRA）模块：CATIA 制图产品是 2D 线框和标注产品的一个扩展。制图产品使用户可以方便地建立工程图样，并为文本、尺寸标注、客户化标准、2D 参数化和 2D 浏览功能提供一整套工具。

③ Draw－Space(2D/3D) Integration（DRS）模块：CATIA 绘图-空间（2D/3D）集成产品

将 2D 和 3D CATIA 环境完全集成在一起。该产品使设计师和绘图员在建立 2D 图样时从 3D 几何模型中生成投影图和平面剖切图。通过用户控制模型间 2D 到 3D 相关性,系统可以自动地由 3D 数据生成图样和剖切面。

④ CATIA 特征设计模块(FEA)模块:CATIA 特征设计产品通过把系统本身提供的或客户自行开发的特征用同一个专用对话结合起来,从而增强了设计师建立棱柱件的能力。这个专用对话着重于一个类似于一族可重新使用的零件或用于制造的设计过程。

⑤ 钣金设计(Sheetmetal Design)模块:CATIA 钣金设计产品使设计和制造工程师可以定义、管理并分析基于实体的钣金件。采用工艺和参数化属性,设计师可以对几何元素增加象材料属性这样的智能,以获取设计意图并对后续应用提供必要的信息。

⑥ 高级曲面设计(ASU)模块:CATIA 高级曲面设计模块提供了可便于用户建立、修改和光顺零件设计所需曲面的一套工具。高级曲面设计产品的强项在于其生成几何的精确度和其处理理想外形而无需关心其复杂度的能力。无论是出于美观的原因还是技术原因,曲面的质量都是很重要的。

⑦ CATIA 逆向工程(CGO)模块:该产品可使设计师将物理样机转换到 CATIA Designs 下并转变为数字样机,并将测量设计数据转换为 CATIA 数据。该产品同时提供了一套有价值的工具来管理大量的点数据,以便进行过滤、采样、偏移、特征线提取、剖截面和体外点剔除等。由点数据云团到几何模型支持由 CATIA 曲线和曲线生成点数据云团。反过来,也可由点数据云团到 CATIA 曲线和曲面。

⑧ 注模和压模加工辅助器(Mold and Die Machining Assistant)模块:CATIA 注模和压模加工辅助器产品将加工象注模和压模这样的零件的数控程序的定义自动化。这种方法简化了程序员的工作,系统可以自动生成 NC 文件。

⑨ 多轴加工编程器(Multi-Axis Machining Programmer)模块:CATIA 多轴加工编程器产品对 CATIA 制造产品系列提出新的多轴编程功能,并采用 NCCS(数控计算机科学)的技术,以满足复杂 5 轴加工的需要。这些产品为从 2.5 轴到 5 轴铣加工和钻加工的复杂零件制造提供了解决方案。

⑩ 2 轴半加工编程器(Prismatic Machining Programmer)模块:CATIA 2 轴半加工编程器产品提供专用于基本加工操作的 NC 编程功能的输入。基于几何图形,用户通过查询工艺数据库(Technological Data Base),可建立加工操作。在工艺数据库中存放着公司专用的制造工艺环境。这样,机器、刀具、主轴转速和加工类型等加工要素可以得到定义。

⑪ STL 快速样机(STL Rapid Prototyping)模块:STL 快速样机是一个专用于 STL(Stereolithographic)过程生成快速样机的 CATIA 产品。

⑫ 曲面加工编程器(Surface Machining Programmer)模块:CATIA 曲面加工编程器产品可使用户建立 3 轴铣加工的程序,将 CATIANC 铣产品的技术与 CATIA 制造平台结合起来,这就可以存取制造库,并使机械加工标准化。

1.6.3 有限元分析专用软件

常用有限元分析软件有 ANSYS、DYNAFORM、AutoForm 和 MoldFlow 4 种。

1. ANSYS

ANSYS 软件是由世界上最大的有限元分析软件公司之一的美国 ANSYS 开发的融结构、

流体、电场、磁场和声场分析于一体的大型通用有限元分析软件,它能与 Pro/E、UG、Auto-CAD 等多数 CAD 软件实现数据的共享和交换,是现代产品设计中的高级 CAE 工具之一。软件主要包括前处理模块、分析计算模块和后处理模块 3 个部分。前处理模块提供了一个强大的实体建模及网格划分工具,用户可以方便地构造有限元模型;分析计算模块包括结构分析、流体动力学分析等,具有灵敏度分析及优化分析能力;后处理模块可将位移、温度、应力和应变等计算结果以彩色等值线、矢量、立体切片、透明及半透明(可看到结构内部)等图形方式显示出来,也可将计算结果以图表、曲线形式显示或输出。软件提供了 100 种以上的单元类型,用来模拟工程中的各种结构和材料。

ANSYS 软件可以用于各种复杂模具结构和性能分析,用来求解外载荷引起的位移、应力和温度等,以实现模具结构及其性能的优化。

2. DYNAFORM

DYNAFORM 是由美国 ETA 公司和 LSTC 公司联合开发的用于板料成形模拟的专用软件包,具有友好的用户界面、良好的操作性能,包括大量的智能化自动工具,可方便地求解各类板成形问题。DYNAFORM 专用于工艺及模具设计涉及的复杂板成形问题,如弯曲、拉伸、成形等典型板料冲压工艺,液压成形、滚弯成形等特殊成形工艺;并可以预测成形过程中板料的裂纹、起皱、减薄、划痕、回弹,评估板料的成形性能,从而为板成形工艺及模具设计提供帮助。

DYNAFORM 具有完备的前后处理功能,采用集成的操作环境,无需数据转换,实现无文本编辑,并提供了与 CAD 软件的接口、实用的几何模型建立功能。DYNAFORM 的求解器采用业界著名、功能强大的动态非线性显式分析软件 LS-DYNA;并采用工艺化的分析过程,包括影响冲压工艺的 60 余个因素,固化了丰富的实际工程经验,提供以 DFE 为代表的多种工艺分析模块。DYNAFORM 可在 PC、工作站、大型机等多种计算机上的 Windows、UNIX 操作系统下使用,且具有较适用的二次开发功能。

3. AutoForm

AutoForm 是由 AutoForm 工程有限公司开发的专门针对汽车工业和金属成形工业中的板料成形和优化的 CAE 软件。其研发中心包括瑞士研发与全球市场中心和德国工业应用与技术支持中心。软件主要用于优化工艺方案和进行复杂型面的模具设计,约 90% 的全球汽车制造商和 100 多家全球汽车模具制造商和冲压件供应商都使用它来进行产品开发、工艺规划和模具研发,其目标是解决"零件可制造性(part feasibility)、模具设计(die design)、可视化调试(virtual tryout)"。它将来自世界范围内的许多汽车制造商和供应商的广泛的诀窍和经验融入其中,并采取用户需求驱动的开发策略,以保证提供最新的技术。

该软件的主要特点有以下 4 点。

① 它提供从产品的概念设计直至最后的模具设计的一个完整的解决方案,其主要模块有 User-Interface(用户界面)、Automesher(自动网格划分)、Onestep(一步成形)、DieDesigner(模面设计)、Incremental(增量求解)、Trim(切边)和 Hydro(液压成形),支持 Windows 和 Unix 操作系统。

② 特别适合于复杂的深拉延和拉伸成形模的设计,冲压工艺和模面设计的验证,成形参数的优化,材料与润滑剂消耗的最小化,新板料(如拼焊板、复合板)的评估和优化。

③ 快速易用、有效、鲁棒(robust)和可靠。最新的隐式增量有限元迭代求解技术不需人工加速模拟过程,与显式算法相比能在更短的时间里得出结果;其增量算法比反向算法有更加

精确的结果,且使在FLC-失效分析里非常重要的非线性应变路径变得可行。即使是大型复杂制件,经工业实践证实是可行和可靠的。

④ 因能更快完成求解、友好的用户界面和易于上手及对复杂的工程应用也有可靠的结果等,AutoForm能直接由设计师来完成模拟,不需要大的硬件投资及资深模拟分析专家,其高质量的结果亦能很快用来评估,在缩短产品和模具的开发验证时间、降低产品开发和模具成本和提高产品质量上效果显著,对冲压成形的评估提供了量的概念。

从数据输入到后处理结果的输出,AutoForm融合了一个有效开发环境所需的所有模块。其图形用户界面(GUI)经过特殊裁剪更适合于板成形过程,从前处理到后处理的全过程与CAD数据的自动集成,网格的自动自适应划分;所有的技术工艺参数都已设置且易变更,设置的过程易于理解且符合工程实际。

AutoForm软件与其他CAD软件的数据接口可以通过IGES和VDA等数据标准转换,并实现与CATIA数据的直接转换。其网格生成器(Automesher模块),网格自适应功能非常强,可以将IGES和VDA曲面转化成AutoForm能够识别的文件格式,在定义网格大小、最大表面误差值后能很快完成高度复杂自由几何曲面的自动网格划分。AutoForm的自适应网格划分产生非常精确的几何分辨率和准确的结果。

4. MoldFlow

MoldFlow系列软件由专门从事注塑成型CAE软件开发和市场经营的跨国公司MoldFlow公司开发,功能包括流动分析、冷却分析、翘曲分析、收缩分析、结构应力分析、气体辅助注塑成型分析和注塑工艺参数优化等。在注塑模具设计与制造中,能够对各种复杂的产品曲面进行造型,并能对模具冷流道、热流道及冷却管道方便地进行造型,并能自动进行有限元网格划分;能够对计算机计算结果按等值线、光照或按照有限单元、单元节点等多种方式显示,并能方便地放大、缩小、旋转、平移显示结果;MoldFlow材料、工艺参数数据库中包括近5 000种树脂材料和各种常用的模具材料、冷却液、注塑机,方便用户在模拟分析时选择;另外,还可根据产品尺寸和所选材料提供初步的工艺参数,包括熔料温度、填充时间、锁模力和注塑压力等;可以将CAD软件(如Pro/E、UG、SolidWorks)中的三维几何产品造型通过STL格式直接划分成MoldFlow网格文件,进行MoldFlow分析;使用户能更好地将已有的CAD软件与MoldFlow软件配合使用,减少产品重复造型;在产品造型、材料、工艺确定后,通过MoldFlow流动分析模块的模拟,可以得到在注塑过程中,熔融树脂填充模具型腔时的各种结果及参数,如型腔温度、压力、熔料推进过程、锁模力大小、熔接痕出现位置和气穴出现位置等;并能根据产品的几何形状优化注塑时注塑机的螺杆曲线。

第 2 章　模具 CAD/CAM/CAE 基础技术

模具的工作部分,例如冷冲模、注塑模和锻模的型腔,是根据产品零件的形状设计的。模具 CAD/CAM/CAE 的第一步就是输入产品零件形状信息,在计算机内建立产品零件的几何模型。

模具 CAD/CAM/CAE 涉及确定工艺方案、设计模具结构和编制 NC 程序等内容。产品零件的工艺性分析和工艺方案的确定,是以零件的几何形状和工艺特征为依据完成的。模具结构设计特别是模具工作零件的设计,有赖于产品零件的形状。在模具结构设计时,根据几何造型系统所建立的产品几何模型,可以完成凹模型腔和凸模形状的设计,产生的模具型面为模具的 NC 加工提供了基础。除了工作部分形状的设计外,模具结构零件的形状设计同样要用到几何造型技术。编制模具零件的 NC 加工程序,确定加工的走刀轨迹,也需要建立模具零件的几何模型。因此几何造型是模具 CAD/CAM 中的一个关键问题,是实现模具 CAD/CAM/CAE 的基础。几何造型中常见的技术有以下几种。

2.1　图形处理技术

2.1.1　常见交互技术

人-机交互的过程可分解为一系列基本操作,每个操作都为完成某个特定的交互任务,归纳起来主要是定位、定量、定向、选择、拾取和文本等多项交互任务。交互技术是完成交互任务的手段,在很大程度上依赖于交互设备。常见交互技术有以下 8 种。

1. 定位技术

定位技术即移动光标到确定位置,指定一个坐标。首先,要明确定位坐标系和定位自由度,是用户坐标系还是设备坐标系,是矢量上定点还是平面上定点,或是三维空间定点。其次,选择合适的定位技术和辅助定位方法。定位技术主要有:用数字化仪或鼠标控制光标定位;用键盘输入定位坐标值,用定向键控制光标定位。辅助定位方法主要有:网格,即拉动光标定位在其按规律划分的网格点上;捕捉,即使用光标捕捉特定点(如端点、中点和圆心点等)并定位其上;辅助线,即利用辅助线找到要定位的点;导航,即通过与相关实体的导航约束确定定位点。

2. 定量技术

定量技术指输入某个数值代表某个特定的量,如大小、长度、角度等。最基本的方法就是直接输入数值。还有通过两次定位转换出所需量的技术,如尺寸标注中,通过点取两个尺寸线端点,可自动标注出两点间的距离。

3. 定向技术

定向即为坐标系中图形确定某个方向。首先要确定坐标系和旋转自由度,然后可通过定义旋转中心,输入旋转角度完成;也可通过某些图形软件提供的动态热键旋转方式进行定向。

4. 选择技术

主要指命令和选项的选择。选择技术有 4 种方式：通过鼠标移动光标选取选项，输入选项命令全称或助记符的形式执行命令，按功能热键执行热键驱动的命令程序，语音控制多选择选项。

5. 拾取技术

拾取在多数情况下是针对图形对象而言的，是交互式绘图及几何建模中必需的功能。当拾取到有关实体时，使该实体变色或加亮显示，或改变选中实体线型。其实际意义是从存储用户图形的数据中找出该实体的地址。

6. 文本技术

文本输入主要是确定字符串的内容和长度，一般采用的方法是：输入字符，菜单选择字符，从单行或多行文本窗口输入字符和语音识别或笔画识别等。

7. 橡皮筋技术

橡皮筋技术是针对变形类图形的要求，动态、连续表现变形过程，像随意拉动橡皮筋一样，使用户在这个交互过程中找到最满意的变形状态。该技术常用于曲线和曲面设计。

8. 拖动技术

拖动是将形体在空间的移动过程动态、连续地表示出来，使用户实时观察到形体的位置，便于将其放置到希望的位置。拖动技术常用于演示部件装配过程和进行动画轨迹模拟。

2.1.2 参数化技术

传统 CAD 系统用固定的尺寸值定义几何元素，输入的所有几何元素都有确定的位置。设计只储存了最后的结果，而将设计的过程信息丢失。这样的设计方式不符合实际工程设计过程，存在着一些严重缺点，主要表现在以下几个方面：

① 在实际设计过程中，大量的设计是通过修改已有图形而产生的。由于传统的设计绘图系统缺乏变参数设计功能，因而不能有效地处理因图形尺寸变化而引起图形变化的问题。

② 对于各种不同的产品模型，只要稍有变化都必须重新设计和造型，从而无法较好地支持系列产品的设计工作。

③ 传统 CAD 系统面向具体的几何形状，使设计人员过多地局限于某些设计细节，而工程设计往往是先定义一个结构草图作为原型，然后通过对原型的不断定义和调整，逐步细化达到最佳设计结果。

参数化设计以一种全新的思维方式来进行产品的创建和修改。它用约束来表达产品几何模型，定义一组参数来控制设计结果，从而能够通过调整参数来修改设计模型。这样，设计人员在设计时，无需再为保持约束条件而操心，可以真正按照自己的意愿动态地、创造性地进行新产品设计。参数化设计方法与传统方法相比，最大的不同在于它储存了设计的整个过程，设计人员的任何修改都能快速地反映到几何模型上，并且能设计出一组形状相似而不是单一的产品模型。

参数化设计是新一代智能化、集成化 CAD 系统的核心内容，新的设计系统都增加了参数化设计功能。参数化设计以其强有力的草图设计和尺寸驱动修改图形的功能，成为初始设计、产品建模及修改、系列化设计、多种方案比较和动态设计的有效手段。

在参数化设计系统中，首先必须建立参数化模型。

几何模型描述的是具有几何特性的实体,因而适合于用图形来表示。几何模型包括两个主要概念:几何关系和拓扑关系。几何关系是指具有几何意义的点、线和面,具有确定的位置(如坐标值)和度量值(如长度、面积)。所有的几何关系构成了几何信息。拓扑关系反映了形体的特性和关系。所有的拓扑关系构成其拓扑信息,它反映了物体几何元素之间的邻接关系。

在计算机辅助设计系统的设计中,不同型号的产品往往只是尺寸不同而结构相同,映射到几何模型中,就是几何信息不同而拓扑信息相同。因此,参数化模型要体现零件的拓扑结构,从而保证设计过程中几何拓扑关系的一致,实际上,用户输入的草图中就隐含了拓扑元素间的关系。

几何信息的修改需要根据用户输入的约束参数来确定,因此,需要在参数化模型中建立几何信息和参数的对应机制,该机制是通过尺寸标注线来实现的。尺寸标注线可以看成一个有向线段,上面标注的内容就是参数名,其方向反映了几何数据的变动趋势,长短反映了参数值,这样就建立了几何实体和参数间的联系。由用户输入参数(或间接计算得到的参数)的参数名找到对应的实体,进而根据参数值对该实体进行修改,实现参数化设计。

产品的参数化模型是带有参数名的草图,由用户输入。图 2.1(a)为一图形的参数化模型,所定义的各部分尺寸为参数变量名。

对于拓扑关系改变的产品零部件,也可以用它的尺寸参数变量来建立参数化模型,如图 2.1(b)所示。其中,N 为小矩形单元数,T 为厚度,A 和 B 为单元尺寸,L 和 H 为长和宽。但是,单元数量的变化会引起尺寸的变化,它们之间必须满足条件:

$$L = N \times A + (N+1) \times T$$
$$H = B + 2 \times T$$

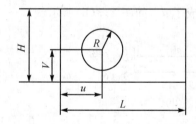 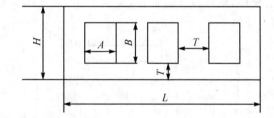

图 2.1 参数化模型

这样的条件关系称为约束。约束可以解释为若干个对象之间所希望的关系,也就是限制一个或多个对象满足一定的关系,对约束的求解就是找出约束为真的对象的值。

由于所有的几何元素都能根据其几何特征和参数化定义相联系,从而所有的几何约束都能看成代数约束。因此通常情况下,所有的约束问题都可以从几何约束级归纳到代数约束级,实际上参数化设计的过程可以认为是改变参数值后对约束进行求解的过程。

参数化设计方法大致可以分为参数驱动法和变量几何法两类。

1. 参数驱动法

参数驱动法又称为尺寸驱动法,是一种参数化图形的方法,它基于对图形数据的操作和对几何约束的处理,利用驱动树分析几何约束,实现对图形的编程。

(1) 参数驱动的定义

采用图形系统完成一个图形的绘制以后,图形中的各个实体(如点、线、圆、圆弧等)都以一定的数据结构存入图形数据库中。不同的实体类型具有不同的数据形式,其内容可分为两类:一类是实体属性数据,包括实体的颜色、线型、类型名和所在的图层名等;另一类是实体的几何特征数据,如圆有圆心、半径等,圆弧有圆心、半径、起始角和终止角等。

由于参数化图形在变化时不会删除和增加实体,也不修改实体的属性数据,因此,完全可以通过修改图形数据库中的几何数据来达到对图形进行参数化的目的。

对于二维图形,通过尺寸标注线可以建立几何数据与其参数的对应关系。尺寸标注线可以认为是一个有向线段,即向量,如图 2.2 所示。该尺寸标注的字母就是参数名,它的方向反映了几何数据的变化趋势,它的长短反映了图形现有的约束值,即参数的当前值;它的终点坐标就是要修改的几何数据,其终点称为该尺寸线的驱动点。驱动点的坐标可能存在于其他实体的几何数据中,称这些几何数据对应的点为被动点。

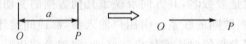

图 2.2　有向线段

当给一个参数赋新值时,就可以根据尺寸线向量计算出新的终点坐标,并以此来修改图形数据库中被动点的几何数据,使它们得到新的坐标和新的约束。

例如,图 2.3(a)中尺寸线 d 可以看做是由(0,0)到(2,0)的向量,其长度为 2,是参数 a 的值,方向为 $0°$(与 x 轴正向夹角),说明 B 点将沿水平方向变化,终点 D(与 B 重合)就是驱动点,其坐标(2,0)就是要被修改的几何数据。通过 D 点可以标识直线段 1 的一个端点 B,B 就是被动点,给参数 a 赋值为 3,可算出新的终点坐标(3,0)。若用它替换数据库中驱动点和被动点的坐标,则线段 1 就伸长,变成了 $1'$,尺寸线 d 也变成了 d',如图 2.3(b)所示。

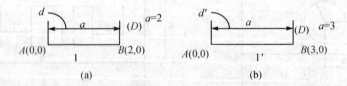

图 2.3　几何数据的修改

上例中如果参数 a 的值仍赋 2,则终点不变,驱动点和被动点的坐标就都不必修改。可见,参数值的变化是这一过程的原动力,因此称之为参数驱动机制。

通常图形系统都提供多种尺寸标注形式,一般有线性尺寸、直径尺寸、半径尺寸和角度尺寸等,因此,每一种尺寸标注都应具有相应的参数驱动方式。

(2) 约束联动

通过参数驱动机制可以对图中所有的几何数据进行参数化修改,但仅靠尺寸线终点来标识要修改的数据是不够的,还需要约束之间关联性的驱动手段进行约束联动。

在二维情况下,一个点有两个自由度,需要两个约束条件来确定其位置。如果采用参数驱动机制就要标注两个尺寸线,或者若该点的约束之间存在某种关系,或与其他点的约束有关系,只需一个约束或可由其他点来确定。对于一条线段,可由两个点确定,也可由一个点、一个角度和一个距离来决定,共 4 个自由度,需要 4 个约束条件。如果能确定这些约束之间的相关关系,就可以任意控制这条线段的变化:旋转、平移或者更复杂的复合变化。圆或圆弧亦可如此。把这种通过约束的关系实现的驱动方法称为约束联动。

推而广之,对于一个图形,可能的约束十分复杂,而且数量极大。而实际由用户控制的即能够独立变化的参数一般只有几个,称之为主参数或主约束;其他约束可由图形结构特征确定或与主约束有明确关系,称它们为次约束。对主约束是不能简化的,对次约束的简化可以用图形特征联动和相关参数联动两种方式来实现。

1) 图形特征联动

所谓图形特征联动就是保证在图形拓扑关系(连续、相切、垂直或平行等)不变的情况下对次约束的驱动。反映到参数驱动过程中,就是要根据各种几何相关性准则,去判别与被动点有上述拓扑关系的实体及其几何数据,在保证原始关系不变的前提下,求出新的几何数据,称这些几何数据为从动点。这样,从动点的约束就与驱动参数建立了联系。依靠这一联系,从动点得到了驱动点的驱动,驱动机制则扩大了其作用范围。

例如,图2.4(a)中BC垂直于AB,驱动点B与被动点B重合。若无约束联动,当$s=3$时,图形变成图2.4(b)所示的形状。因为驱动只作用到B点,C点不动,原来AB与BC的垂直关系被破坏了。经过约束联动驱动后,C点由于$AB\perp BC$的约束关系成了从动点,它也将移动,以保证原有的垂直关系不变,如图2.4(c)所示。

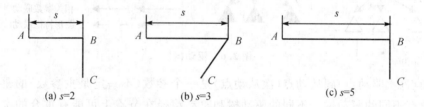

图 2.4 图形特征联动

2) 相关参数联动

所谓相关参数联动就是建立次约束与主约束在数值上和逻辑上的关系。

在图2.5(a)中,主参数有s、t和v。设s由3变为5,根据参数驱动及图形特征联动,图形变成了图2.5(b)所示的状态。原来的拓扑关系没有变,但形状已经不正确了。为保证形状始终有意义,就要求$v>s$。假如我们能确定v与s有一个确定关系:$v=s+1$,那么就要有一种办法能标识这样的关系,并保证实现这种关系。

具体实现是将这个关系式写在尺寸线上,替换原来的参数v,如图2.5(c)所示。这样该尺寸线所对应的约束就是次约束,v就成了s的相关参数。在参数驱动过程中,除了完成主参数s的驱动外,还要判断与s有关的相关参数,并计算其值,再用参数驱动机制完成该参数的驱动任务,如图2.5(d)所示。

相关参数的联动方法使某些不能用拓扑关系判断的从动点与驱动点建立了联系。把相关参数的尺寸终点称为次驱动点,对应的被动点和从动点称为次被动点和次从动点。于是我们可以得到一个驱动树,如图2.6所示。该图中由驱动点到被动点、由次驱动点到次被动点的粗箭头表示参数驱动机制;由驱动点到次驱动点的虚箭头表示相关参数联动,是多对多的关系(它们是通过参数相关性建立的关系,而不是由点之间建立的关系);由被动点(次被动点)到从动点(次从动点)的箭头表示图形特征联动。有时一个从动点(次从动点)可能通过图形特征联动找到其他与之有关的从动点,因此图形特征联动是递归的,驱动树也会有好几层。驱动树表

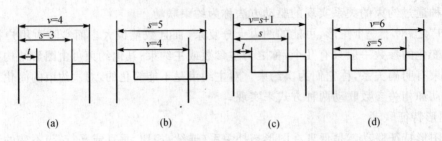

图 2.5 相关参数联动

示了一个主参数的驱动过程,它的作用域以及各个被动点、从动点、次被动点和次从动点与主参数的关系,同时也反映了这些点的约束情况。

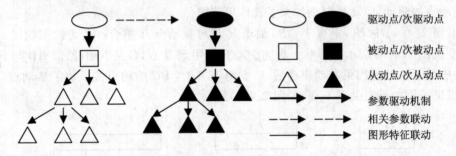

图 2.6 驱动树

从驱动点(次驱动点)到从动点(次从动点)是一个参数(不一定是主参数)的驱动路径,不同的主参数有不同的驱动树。不同的驱动树和驱动路径在节点上可能有重合的次驱动点(树间重合),表明相关参数与多个主参数有关系,重合的被动点、从动点表明该点受到多个约束的控制。这样就可以判断各种约束的情况。驱动树方法可以直观地判断图形的驱动与约束情况,是一种很好的分析手段。

参数驱动一般不能改变图形的拓扑结构,因此,要对一个初始设计进行方案上的重大改变是不可能的,但对系列化、标准化零件的设计及对原有设计作继承性修改则十分方便。目前所谓的参数化设计系统实际上是参数驱动系统。

2. 变量几何法

变量几何法是一种基于约束的方法。模型越复杂,约束就越多,非线性方程组的规模也越大。当约束变化时,求解方程组就越困难,而且构造具有唯一解的约束也不容易,故该方法常用于较简单的平面模型。

变量几何法是一种比较成熟的方法。其主要优点是通用性好,因为对任何几何图形总可以转换成一个方程组,进而对其求解。基于变量几何法的系统具有扩展性,即可以考虑所有的约束,不仅是图形本身的约束,而且包括工程应用的有关约束,从而可表示更广泛的工程实际情况。这种扩展后的系统即所谓的变量化设计系统。

变量化设计的原理如图 2.7 所示。图中,几何元素指构成物体的直线和圆等几何因素;几何约束包括尺寸约束及拓扑约束;尺寸值指每次赋给的一组具体值;工程约束表达设计对象的原理和性能等;约束管理用来驱动约束状态,识别约束不足或过约束等问题;约束网络分解可以将约束划分为较小方程组,通过联立求解得到每个几何元素特征点的坐标,从而得到一个具体的几何模型。除了采用上述代数联立方程求解外,还有采用推理方法的逐步求解。

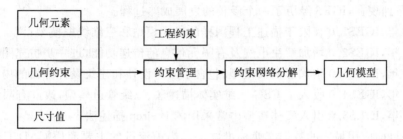

图 2.7 变量化设计的原理

2.2 产品数据交换技术

目前世界上已经开发出了很多 CAD/CAM/CAE 系统,并在实际生产中应用。大多数都是针对不同用户的不用应用任务而研制开发的,有的主要用于设计建模,有的侧重于分析计算,有的专攻模拟方法,因而它们对信息的描述及采用的数据结构各不相同。随着 CAD、CAM、CAPP 和 CAE 等技术日益广泛应用,企业内部之间及企业之间的协作需要进行电子产品数据的交换,从而要求不同 CAD/CAM/CAE 系统之间能提供有效的数据交换。

为实现上述要求的数据交换,可通过设置数据交换接口的方式,以便在不同的计算机内部模型之间架起桥梁。通常数据交换接口有两种连接方式:专用数据交换方式和通用数据交换方式。

① 专用数据交换接口:通过专用的数据接口程序,将系统 A 的数据格式直接转换为系统 B 的数据格式,反之亦然。这是一种点对点的数据交换方式,原理简单,运行效率较高。但由于不具有通用性,对 N 个系统之间的数据交换,需要设计 $N(N-1)$ 个处理程序。同时,一旦其中某个系统的数据结构发生改变,与之相关的所有接口程序都要进行修改。

② 通用数据交换接口:通用数据交换是利用一个基于数据交换标准的与系统无关的接口文件实现连接的。每一个系统都需要设置一个前置处理器和一个后置处理器。前置处理器负责将计算机内部模型,如系统 A 的模型转换成交换接口的模型;后置处理器负责将交换接口的模型转换成系统 B 的模型。对于 N 个系统而言,需 $2N$ 个处理程序。而且,当其中一个系统的数据结构发生改变时,只需修改该系统的前、后置处理程序即可。中间交换模型的效率主要取决于被它定义的模型元素的数量及这些元素之间的逻辑结构,因为它是数据交换的一个极其重要的环节。

为了满足 CAD/CAM/CAE 系统集成的需要,提高数据交换的速度,保证数据传输的完整、可靠和有效,一般使用通用的数据交换标准。目前世界上已研制出多个通用数据交换接口标准,其中典型的代表是 IGES 和 STEP。

2.2.1 IGES 标准

IGES(Initial Graphics Exchange Specification)是在美国国家标准局(NBS)的倡导下,由美国国家标准协会(ANSI)公布的美国标准,是 CAD/CAM/CAE 系统之间图形信息交换的一种规范。它由一系列产品的几何、绘图、结构和其他信息组成,可以处理 CAD/CAM 系统中大部分信息,是用来定义产品几何形状的现代交互图形系统。

从其公布到现在,IGES经历了一个漫长的发展成熟过程。

① 1980年,IGES1.0仅限于描述工程图样的二维模型和三维线框模型;

② 1983年,IGES2.0增加解决电气及有限元信息的传递功能,进一步扩充图形描述;

③ 1986年,IGES3.0增加了曲面模型,包含了工厂设计和建筑设计方面的内容;

④ 1988年,IGES4.0收入了CSG三维实体描述法、三维管道模型,改进有限元模型;

⑤ 1991年,IGES5.0引入实体造型中常采用的B-rep描述法。

IGES是目前应用最广的数据交换标准之一。当前流行的主要商用CAD/CAM系统,如UG、CATIA和Pro/E等都含有IGES接口,所以它已成为事实上的国际标准。

1. IGES描述

IGES用单元和单元属性描述产品几何模型。单元是基本的信息单元,分为几何、尺寸标注、属性和结构等4种。IGES的每一个单元由两部分组成,第一部分称为分类入口或条目目录,具有固定长度;第二部分是参数部分,是自由格式,其长度可变。

几何单元包括点、直线、圆弧、样条曲线和曲面等。尺寸标注单元有字符、箭头线段和边界线,能标注角度、直径、半径和直线等尺寸。属性用来描述产品定义的属性。结构用来定义各个单元之间的关系和意义。目前,国内外常用的商用CAD/CAM系统中的IGES接口所使用的单元,基本上是IGES所定义的单元中的一个子集。

2. IGES的文件结构

在利用IGES标准进行数据交换时,需要首先产生一个IGES数据文件,这是一个中间数据文件,与被交换的系统无关。IGES数据文件有如下规定:数据进行顺序存储;每行记录长度为80个字符;采用ASCII标准代码。

IGES数据文件在逻辑上划分为5个区段。

① 起始段:提供使用者阅读IGES数据文件的说明语言,格式和行数不限。第73列字符为"S"。

② 全局段:提供和整个模型有关的信息,如文件名、生成日期及前、后置处理器中描述所需信息。第73列字符为"G"。

③ 目录索引段:记录IGES文件中采用的单元目录,每一种单元对应一个索引,每一个索引记录有关单元类型、参数指针、版本、线型、图层和视图等20项内容。第73列字符为"D"。

④ 参数数据段:记录每个单元的几何数据。第73列字符为"P"。

⑤ 结束段:标识IGES文件的结束,并兼有记录起始段、全局段、单元索引段、参数数据段段码及总行数的任务。第73列字符为"T"。

3. IGES在应用中的问题及其发展

IGES标准在国际范围内获得了广泛的应用,其成功应用的典型例子是:不同CAD系统之间工程图纸信息的交换,CAD与NC系统之间的连接,CAD与FEM系统的连接等。其中图形信息的交换应用是最多的。

模型之间进行数据交换的前提条件是保证所有数据都能完整且准确无误地进行传递。时至今日,IGES还不能完全满足这一点。在实际应用中,IGES还存在一些问题,这些问题可归纳为以下3个方面。

① 单元范围有限:IGES定义的主要是几何方面的信息,主要限于形状模型,因而无法保

证一个 CAD/CAM 系统的所有数据与另一个系统进行交换，有时会发生数据丢失现象。

② 占用的存储空间较大：由于选择了固定的数据格式和存储长度，IGES 数据文件是稀疏的。

③ 时常发生传递错误：错误的产生主要由于语法上的二义性，造成解释上的错误。

在 IGES 发展的同时，欧美工业发达国家相继推出了一些更高层次的或专用的数据交换标准。美国 IGES 委员会从 1984 年开始了全新的产品数据交换范围 PDES(Product Data Exchange Specification)接口的研究，PDES1.0 版本从一开始就能实现实体模型间的数据传递及非几何数据的传递。同时，世界各国都从事数据通用接口的研究，如法国 1984 年推出的 SET1.1 版本，德国汽车工业协会(VDA)推出了专门传递自由表面数据的 VDA-PS。所有这些标准都有各自不同的目的和使用范围，同时也存在不同的问题。为了覆盖过去所有交换规范的功能和应用范围，进一步解决产品信息交换中存在的问题，国际标准化组织 ISO 启动了制定 STEP 标准的计划。

2.2.2 STEP 标准

STEP(Standard for the Exchange of Product Model Data)，即产品模型数据交换标准，是一个关于产品数据的计算机可理解的表示和交换的国际标准(ISO10303)，目的是提供一种不依赖于具体系统的中性机制，用来建立包括产品整个生命周期的、完整的和语义一致的产品数据模型，从而满足产品生命周期内各阶段对产品信息的不同需求，以及保证对产品信息理解的一致性。因此，STEP 标准能够解决生产过程中产品信息的共享，并最终从根本上解决 CIMS 信息的集成问题。

ISO 工业自动化系统技术委员会(TC184)第四分委员会(SC4)负责 STEP 标准的制定，采取了标准分别制定、分阶段发布、逐步完善和陆续发布的策略。它不但受到各成员国标准化组织的支持，也受到了国际制造业的有力支持。

STEP 标准的制定要实现两个目的：一是产品的数据表示，二是产品数据共享与交换。由于 STEP 标准是国际合作的许多专家经过严密的规程制定的，对产品表达与交换的完整性和一致性考虑得相当周全，因此，按 STEP 标准建立统一的产品数据模型并进行交换的优点有：完整的表达产品数据，并支持产品生命周期的各个环节；独立于任何 CAX 系统；具有多种实现形式。

1. STEP 标准的特点

STEP 不仅是一项国际标准，而且还是一门技术和一种方法学。它不仅提供正确的建立产品信息模型的方法及标准化过程，而且在信息交换的实现方法上也给予指导。其特点有以下几个方面。

(1) 引入形式化数据规范语言(EXPRESS 语言)

为产品信息的描述提供标准化描述机制，保证数据描述的精确性和一致性。

(2) 三层次结构

在三层次上将产品信息的表达和应用同数据交换的实现方法区分开发，STEP 三层次的划分如图 2.8 所示。STEP 的这种层次结构思想来源于数据系统的外模式、内模式和储存模式技术，这种层次结构的划分和组织使 STEP 在应用上和逻辑上更加完整，语义层次上更高，且面向各种应用的资源信息模型，以保障应用系统数据交换逻辑层次上的正确性。

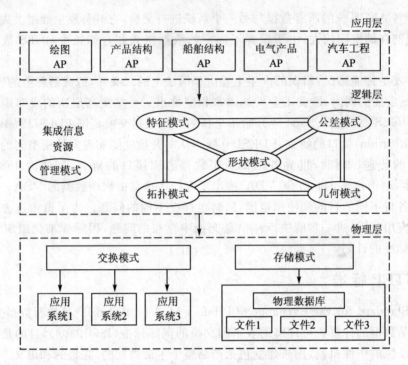

图 2.8 STEP 标准的三层次结构

① 应用层：在产品生命周期内，各应用领域按照自己的经验、术语、技术和方法建立产品信息参考模型，并通过形式化定义语言或图表的方式表达，为相应领域提供便于应用的、完备的和最小冗余的产品信息模型。

② 逻辑层：通过对各需求模型的分析，找出共同点，协调冲突，形成统一的集成信息资源，为各个应用领域提供一些通用的、语义一致的实体集和关系集，用来描述不同的产品信息模型，并运用形式化工具描述逻辑层，说明与物理层之间的联系。

③ 物理层：将集成信息转换成用于交换的物理格式，用于计算机内部存储。

（3）一致性检验

STEP 将一致性检验包括在规范的定义中，用于检查应用系统是否实现了应用协议，同时提供一致性检验的标准程序和工具，为系统功能检验及系统性能检验等高层次的验证奠定了基础。

综上所述，STEP 是一个可扩充的标准，这是因为它建立在形式化定义语言 EXPRESS 之上，因此能扩展到任何工业领域。虽然 STEP 是国际性的标准，但是由用户开发而不是供应商开发。用户驱动的标准是面向结果的，而厂家驱动的标准是面向技术的，因而 STEP 将会继续适应技术的发展而发展。

2. STEP 标准的应用

STEP 标准不仅允许在公司内部高效率地交换数据，还可以让企业与国际上的合作伙伴交换数据。STEP 支持设计重用和数据保存，并且在产品的整个生命周期内均提供了对其数据的访问。产品开发策略，如并行工程、企业集成、电子商务和质量管理规划，将在 STEP 的应用中受益匪浅。通过克服设计、制造和支持领域在灵活性方面的障碍，STEP 将使生产者在降低成本和缩短上市时间的同时，达到更高的质量与生产效率水平。

鉴于以上的优点，国内外对 STEP 标准的应用给予了很高的热情。目前，STEP 应用领域极为广泛，现举例如下。

(1) 数据交换

这是开发 STEP 的初衷，也是 STEP 的主要用途之一。STEP 在我国的主要应用也在这个领域，用于 CAD/CAM 系统之间进行数据交换。使用针对 STEP 的应用开发的一些工具软件，如 Steptools 公司的 STEP-Developer，可大大简化 EXPRESS 语言转换到编程语言的工作。

(2) 产品数据库

STEP 可把企业各个领域的应用程序集成到企业的一个公用数据库上，使企业在经营方面使用了多年的数据继续给企业带来效益。利用 STEP 定义产品数据库的好处是，在一个地点就可以定义或找到制造产品所需的数据，也可以在制造的应用程序和产品数据之间建立联系，并且可以按 ISO 标准来定义和操作产品数据。

(3) 并行工程

大型项目需要若干个同学科的专业组协同工作。每个专业组都有自己的数据库和应用系统，STEP 标准及有关工具可把这些各不相同的系统组成一个信息工程环境。

(4) 产品数据的长期存档

产品数据通常要在批量生产结束以后继续保存 15～30 年以上，主要满足备件供应需求和企业对其用户承担的维护和支持承诺。这个时间远大于 CAD/CAM 系统的生存周期。利用 STEP 将产品转换为独立于生成这些数据的应用系统，从而保证长期存档的产品数据的可用性。

2.3 产品零件造型

零件造型是指利用计算机系统描述零件几何形状及其相关信息，建立零件计算机模型的技术。自 20 世纪 60 年代几何造型技术出现以来，其造型理论和方法得到不断丰富和发展。

产品的设计与制造涉及许多有关产品几何形状的描述、结构分析、工艺设计、加工和仿真等方面的技术，其中几何形状的定义与描述是其核心部分。它为结构分析、工艺规程的生成及加工制造提供了基本数据。所谓几何造型，就是以计算机能够理解的方式，对实体进行精确的定义，赋予一定的数学描述，再以一定的数据结构形式对所定义的几何实体加以描述，从而在计算机内部构造一个实体模型。通过这种方法定义和描述的几何实体必须是完整的、唯一的，能够从计算机模型上提取该实体生成过程中的全部信息，或者能够通过系统的计算分析自动生成某些信息。几何造型产生的模型是对产品确切的数学描述或是对产品某种状态的真实模拟，能够为各种不同的后续应用提供信息，例如，由模型产生有限元网格，编制数控加工刀具轨迹，进行碰撞、干涉检查等。因此，几何造型技术是 CAD/CAM 系统中的关键技术。

由于客观事物大多是三维连续的，而在计算机内部的数据均为一维离散有限的，因此，在表达与描述三维实体时，怎样对几何实体进行定义，保证其准确、完整和唯一；怎样选择数据结构描述有关数据，使其储存方便等，都是几何造型系统必须解决的问题。按照对几何信息描述的不同，几何造型可划分为线框造型、表面造型和实体造型 3 种主要类型。近几年，人们在实体造型的基础上，除了对几何实体的尺寸、形状加以描述外，还附加上工艺信息，如尺寸公差、表面粗糙度等,研究开发了特征造型技术,这是现今 CAD/CAM 领域中的一个研究热点,称为新一代的造型系统。

2.3.1 线框造型

线框造型是 CAD/CAM 发展过程中应用最早,也是最简单的一种造型方法。20 世纪 60 年代初期的线框模型仅仅是二维的,用户需要用点和线来构造模型,目的是用计算机代替手工绘图。随着图形几何变换理论的发展,三维图系统迅速发展起来,但它同样仅由点、直线和曲线组成。

所谓线框造型,就是利用产品形体的棱边和顶点表示产品几何形状的一种造型方法。用这种方法生成的实体模型是由一系列的直线、圆弧、点及自由曲线组成的,描述的是产品的轮廓外形。线框造型的数据结构采用表结构。在计算机内部,存储的是该物体的顶点及棱线信息,将实体的几何信息和拓扑信息层次清楚地记录在顶点表及棱边表中。如图 2.9(a)所示为一长方形的线框模型。

线框造型有以下 3 个优点:

① 由于有了物体的三维数据,可以产生任意视图;视图间能保持正确的投影关系,这为生成多视图的工程图带来很大方便。能生成任意视点或视向的透视图及轴测图,这在二维绘图系统中是做不到的。

② 构造模型时操作简便,模型所需信息量少,数据运算简单,所需存储空间也较小。

③ 这种造型方法对硬件的要求不高,容易掌握,处理时间较短。用户几乎无需培训,使用系统就好像是人工绘图的自然延伸。

但是,线框造型也有很大的局限性,主要表现在以下 3 个方面:

① 因为所有棱线都显示出来,因此容易出现二义性,即不能唯一地确定其所代表的形体,如图 2.9(b)和(c)所示的模型,就可能代表 2 种不同的形体,此外当形状复杂时,棱线过多,也会引起模糊理解。

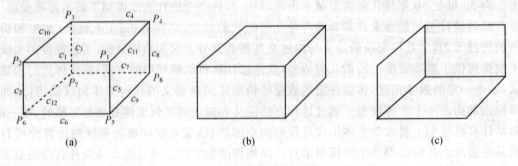

图 2.9 线框几何模型

② 对于由平面构成的物体,轮廓线与棱线一致,能够比较清楚地反映物体的真实形状,但是对于曲面体,由于缺少曲面轮廓线,很难表示清楚物体的形状。例如要表示圆柱的形状,就必须添加母线,但是在线框模型中并不包含这样的信息。

③ 由于在数据结构中仅存储了顶点和棱线的信息,因而难以进行形体表面交线计算、物性计算和消隐处理等。

尽管这种模型有许多缺点,但它仍能满足许多设计与制造的要求,因此在实际工作中使用还是很广泛的。通常,线框造型主要用于二维绘图,也可以在其他的造型过程中快速显示某些中间结果,或作为表面造型与实体造型的辅助工具。

2.3.2 表面造型

表面造型是在线框造型基础上发展起来的,利用形体表面描述物体形状的造型方法。它通过有向棱边构成形体的表面,用面的集合表达相应的形体。在计算机内部,表面造型的数据结构仍是表结构,除了给出边线及顶点的信息之外,还提供了构成三维立体各组成面素的信息,即在计算机内部,除顶点表和边表之外,还提供了面表。

在表面造型中,一个重要的发展方向是自由曲面的造型。自由曲面造型主要用于飞机、汽车、船舶和模具等复杂曲面的设计。常采用的曲面有贝塞尔曲面、B样条曲面和非均匀有理B样条(NURBS)曲面等。

由于增加了有关面的信息,在提供三维实体信息的完整性和严密性方面,表面造型比线框造型前进了一大步,克服了线框造型的许多缺点,能够比较完整地定义三维立体的表面,所能描述的零件范围广。特别是像汽车车身或飞机机翼等难于用简单的数学模型表达的物体,均可以采用表面造型的方法构造其模型,而且利用表面模型在图形终端上生成逼真的彩色图像,以便用户直观地从事产品的外形设计,从而避免表面形状设计的缺陷。另外,表面造型可以为CAD/CAM中的其他场合提供数据,如数控刀具轨迹生成和有限元网格划分。

表面造型也有其局限性,由于表面造型仍不能完整全面地表达物体形状,如没有明确定义实体存在侧,也未给出表面间的相互关系等拓扑信息,因而,表面造型所产生的形体描述难以直接用于物性计算,也难以保证物体描述的一致性和有效性。

2.3.3 实体造型

要完整全面地描述一个物体,除了描述其几何信息外,还应描述它各部分之间联系信息及表面的哪一侧存在实体等信息。实体造型就是基于这一思想认识发展起来的,它克服了线框造型和表面造型的局限性。

计算机内部表示三维实体模型的方法有很多,常用的主要有体素调用法、空间位置枚举法、单位分解法、扫描变换表示法、体素构造表示法和边界表示法。在此简单介绍边界表示法和体素构造表示法及其数据结构。

1. 边界表示法(B-rep 表示法)

边界表示法是以形体表面的细节,即以顶点、边和面等几何元素及其相互间的连接关系来表示形体的。

边界表示法的重要特点是该方法详细记录了构成形体的所有几何元素的几何信息及其拓扑关系。该方法优点在于表示形体的点、线和面等几何元素是显式表示,因而形体的显示很快,并且很容易确定几何元素之间的连接关系;可对 B-rep 法的形体进行多种操作和局部修改。其缺点是数据结构复杂,需大量存储空间,维护内部数据结构及一致性的程序较复杂;对形体的整体修改较难实现。

早期的 B-rep 表示法只支持多面体模型。现在由于参数曲面和二次面均可统一用NURBS 曲面表示,面可以是平面和曲面,边可以是曲线,这样使实体造型和曲面造型相统一,不仅丰富了造型能力,也使得边界表示可精确地描述形体边界,所以这种表示也称精确Brep 表示法。

2. 体素构造表示法（CSG 法）

这是一种利用一些简单形状的体素，经变换和布尔运算构成复杂形体的表示模式。在这种表示模式中，采用二叉树结构来描述体素构成复杂形体的关系。树根表示定义的形体，树叶为体素或变换量（平移量和旋转量），中间节点表示变换方式或布尔运算的算子。CSG 树表示是无二义性的，也就是说一棵 CSG 树表示能够完整地确定一个形体。

CSG 的优点有以下 4 点：
① 数据结构比较简单，信息量小，易于管理；
② 每个 CSG 都和一个实际的有效形体相对应；
③ CSG 可方便地转换成边界表示；
④ CSG 树记录了形体的生成过程，可修改形体生成的任意环节以改变形体的形状。

其缺点主要有以下 2 点：
① 对形体的修改操作不能深入到形体的局部，如面、边和点等；
② 显示形体的效率很低，计算量较大。

3. CSG 法和 B-rep 法混合表示

B-rep 法和 CSG 法都有各自的优点和缺点，单独使用任何一种表示法都不能较好地支持各种存取操作和面向应用的几何设计。从造型的角度看，CSG 方法比较方便。从形体的存储管理和操作的角度看，B-rep 方法更为实用。因此，大多数 CAD/CAM 系统都以 CSG 法和 B-rep 法的混合表示作为形体数据表示的基础，即以 CSG 模型表示几何造型的过程及其设计参数，用 B-rep 模型维护详细的几何信息和显示、查询等操作。在基于 CSG 模型的造型中，可将形状特征和参数化设计引入造型过程中的体素定义、几何变换及最终的几何模型中，而 B-rep 信息的细节则为这些设计参数提供几何参考或基准。CSG 信息和 B-rep 信息的相互扩充，确保了几何模型的完整和正确。

2.3.4 特征造型

特征造型是近十多年来发展起来的新一代造型方法，是 CAD/CAM 技术新的里程碑。特征造型技术的提出并非偶然，有两个因素导致了它的出现和应用。一方面，传统的实体造型技术是建立在几何层次的表示和操作上，与设计人员高层次的设计概念与方法产生了矛盾；另一方面，计算机集成化、自动化的需求，要求系统除提供几何信息外，还应提供反映设计人员意图的非几何信息，如材料和公差等。

与前一代的几何造型系统相比，特征造型有以下 3 个特点：

① 过去的 CAD 技术从二维绘图起步，经历了三维线框、曲面和实体造型等发展阶段，都是着眼于完善产品的几何描述能力。而特征造型则是着眼于更好地表达完整的产品技术和生产管理信息，为建立产品的集成信息模型服务。它的目的是通过建立面向产品制造全过程的统一产品模型，替代传统的产品设计方法及技术文档，使得一个工程项目或机电产品的设计和生产准备各个环节可以并行展开，信息畅通。

② 它使产品设计工作在更高的层次上进行，设计人员的操作对象不再是原始的线条和体素，而是产品的功能要素，像螺纹孔、定位孔和键槽等。特征的引用直接体现了设计意图，使得建立的产品模型容易为别人理解，设计的图样更容易修改，设计人员可以将更多精力放在创造

性构思上。

③ 它有助于加强产品设计、分析、工艺准备、加工和检验各部门间的联系,更好地将产品的设计意图贯彻到各个后续环节并且及时得到后者的反馈,为开发新一代的基于统一产品信息模型的 CAD/CAPP/CAM 集成系统奠定基础。

1. 特征的定义

由于特征造型技术是一门新兴的研究和应用领域,因而对特征还缺少一个统一的形式化定义。不同的应用形成了特征不同的定义。从加工角度看,特征被定义为加工操作和工具有关的零部件形式以及技术特征;从形体造型角度看,特征是一组具有特定关系的几何或拓扑元素;从设计角度看,特征又分为设计、分析和设计评价等。

还有很多学者也对特征做了定义。有人认为特征是"一个几何实体,该实体和 CIMS 中的一个或多个功能相关";也有人认为"特征是一个形状,对于这类形状工程人员可以附加一些工程信息特征、属性及可用于几何推理的知识"。

自从基于特征的造型系统问世以来,特征的概念越来越明朗和面向实际。在基于特征的造型系统中,特征是构成零件的基本元素,或者说,零件是由特征组成的。所以可以将特征定义为:特征是由一定拓扑关系的一组实体元素构成的特定形状,它还包括附加在形状之上的工程信息,对应于零件上的一个或多个功能,能够被固定的方法加工成形。表 2.1 为不同部门对特征的不同定义。

表 2.1 特征的定义

编号	提出单位	标 准	特征定义
1	国际标准化组织	ISO129	特征是单一特性,如:平的表面、圆柱面、两个平行平面、螺纹和轮廓
2	美国全国标准协会	ANSI Y.14.5	特征可以看成一个零件的有形部分,如表面、孔和槽
3	美国工程标准协会	RS308 PART 2	特征定义为一个实体的基本部分,如平面、圆柱面、轴线和轮廓
4	美国空军	PDDI	特征是显示识别产品形状特点的实体集,使产品能够在高层次概念的基础上进行交换,如孔、法兰和螺纹
5	计算机辅助制造国际	CAM-1 零件形状特征图解词典	工件形状特征定义:在工件的表面、棱边或转角上形成的特定几何轮廓,用来修饰工件外貌或者有助于工件的给定功能

2. 特征的分类

从不同的应用角度出发,形成了不同的特征定义,也产生了不同的特征分类标准。从产品整个生命周期来看,可分为:设计特征、分析特征、加工特征、公差及检测特征和装配特征等;从产品功能上,可分为:形状特征、精度特征、技术特征、材料特征和装配特征;从复杂程度上讲,可分为:基本特征、组合特征和复合特征。

考虑到工程应用的背景和实现上的方便性,可将特征分为以下 6 种。

(1) 形状特征

用于描述某个有一定工程意义的几何形状信息,是产品信息模型中最主要的特征信息之一。它是其他非几何信息如精度特征、材料特征等的载体。非几何信息作为属性或约束附加在形状特征的组成要素上。

(2) 装配特征

用于表达零件的装配关系及在装配过程中所需的信息,包括位置关系、公差配合、功能关系和动力学关系等。

(3) 精度特征

用于描述几何形状和尺寸的许可变动量或误差,如尺寸公差、形位公差和表面粗糙度等。精度特征又可细分为形状公差特征、位置公差特征和表面粗糙度等。

(4) 材料特征

用于描述材料的类型、性能和热处理等信息,如强度和延展性等力学特性、导热性和导电性等物理化学特性及材料热处理方式与条件。

(5) 分析特征

用于表达零件在性能分析时所使用的信息,如有限元网格划分、梁特征和板特征等,有时也称技术特征。

(6) 补充特征

用于表达一些与上述特征无关的产品信息,如用于描述零件设计的 GT 码等管理信息的特征,也可称之为管理特征。

一般把形状特征与装配特征叫做造型特征,因为它们是实际构造出产品外形的特征。其他的特征称为面向过程的特征,因为它们并不实际参与产品几何形状的构造,而属于那些与生产环境有关的特征。

3. 特征造型系统实现模式

目前特征造型系统的实现主要有特征交互定义、特征自动识别、基于特征的设计等 3 种途径。

(1) 特征交互定义

早期的造型系统一般采用特征交互定义方式来支持系统的特征信息。设计人员先用造型系统完成几何造型,然后进入特征定义系统,通过人-机交互方式将特征信息附加到已有的几何模型之上。这种方法实现简单,但有很多缺陷:交互操作繁琐、效率低;特征信息与几何模型无必然联系,零件形状发生改变,定义在其上的特征需重新定义。

(2) 特征自动识别

设计人员首先进行几何设计,然后通过特征自动识别系统从几何模型中识别或抽取特征。特征识别为实体造型系统的进一步应用提供方法,部分解决了实体造型系统与系统间信息交换的不匹配问题,提高了设计的自动化程度。然而还有一定的局限性:对简单形状特征的识别比较有效,当产品比较复杂时,特征识别就显得很困难,甚至无效;特征识别是形状特征在形状上得到一定程度的表达,但形状特征之间的关系仍无法表达。

(3) 基于特征的设计

基于特征的造型系统是目前特征造型系统的最高实现方式。在这种方式下,系统采用具有特定应用含义的特征,为用户提供更高层次的符合实际工程设计过程的设计概念和方法,因而使设计效率和设计质量大大提高。此外,在设计过程中,还可方便地进行设计特征的合法性检查、特征相关性检查,并可组织更复杂的特征。

4. 基于特征的参数化造型系统

在基于特征的造型系统中,特征的描述是关键问题。通常,特征描述应该包括几何形状的表示和相关的处理机制,以及特征高层语义信息等内容。这里仅仅讨论与实体造型密切相关的形状特征。

早期的特征造型系统对形状特征的描述延续了实体造型的描述方法,如 B-rep 法、CSG 法及混合法。随着 CAD 技术的发展,出现了将参数化设计应用到特征设计中去,使得特征可以随着参数的变化而变化,这就是基于特征的参数化造型方法。

基于特征的参数化造型的关键是特征及其相关尺寸、公差的变量化描述。采用特征造型技术,产品零件可描述为形状特征的集合。形状特征有其对应的结构与关系固定的几何元素,这些元素可以通过约束来连接,从而构成产品的几何模型。任何一个产品都可以用一个包含特征链表、参数变量和约束的结构来表示。特征链表用来描述产品的组成元素,参数变量用来表示几何、材料和技术等参数,约束用来协调特征关系以及产品的尺寸结构,如图 2.10 所示。

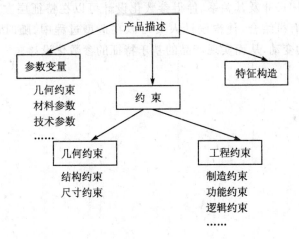

图 2.10 基于特征的参数化造型定义法

约束通常可分为几何约束和工程约束两大类。几何约束包括结构约束(也称拓扑约束)和尺寸约束。结构约束指对产品结构的定性描述,它表示几何元素之间的拓扑约束关系,如平行、垂直、相切或对称等,进而可以表征特征要素之间的相对位置关系。尺寸约束是特征/几何元素之间相互位置的量化表示,是通过尺寸标注表示的约束,如距离尺寸、角度尺寸和半径尺寸等。工程约束是指尺寸之间的约束关系,包括制造约束关系、功能约束关系和逻辑约束关系等,通过人工定义尺寸变量及它们之间在数值上的和逻辑上的关系来表示。

基于特征的参数化造型的结构如图 2.11 所示。当构造所需的产品零件时,用特征表示的实体来进行拓扑运算,用特征的成员变量中的基准来定位,再根据是正还是负特征来决定在原基础上增加还是去掉该特征。参数化设计使用约束来定义和修改几何模型,建立形状特征的过程可视为约束满足的过程,设计本质上是通过提取特征有效的约束来建立其约束模型并进行约束求解。这些约束一般根据不同产品的功能、产品结构和制造过程的要求转化而来,加上一定的限制,综合成设计目标,然后将它们映射成为特定的几何和拓扑结构,并导出各形状特征的位置和形状参数,从而形成参数化的产品模型。

目前,多数的特征模型采用 CSG 与 B-rep 的混合法来描述特征的几何模型。在此基础

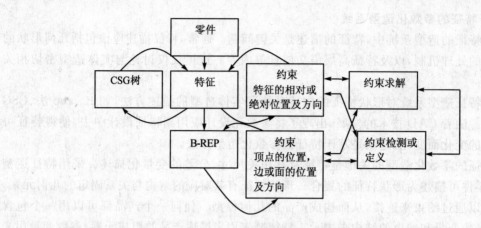

图 2.11 基于特征的参数化造型结构

上增加参数变量以描述尺寸及其关系,使得参数化设计可以在特征层次上进行。基于特征的设计与参数化设计的有机结合,使得设计人员可以在造型过程中,随时调整产品的结构和尺寸,并带动特征自身的变动,从而实现产品的基于特征的参数化设计。

第 3 章　注射模 CAD 技术

塑料是高分子化学和材料科学发展的重要成果,塑料产品已经成为人类生产和生活中必不可少的重要组成部分。作为塑料成型的主要方法,注射成型(也称注塑成型)是一个复杂的加工过程,注射模具的设计和制造以及注射成型过程分析是一个繁重的任务,仅靠设计人员的经验和模具工人的手艺,很难保证注射模具的精密设计与制造以及制品高精度的要求。CAD(计算机辅助设计)技术的出现,彻底改变了注射模具传统的设计与制造方法,显著提高了塑料模具的设计制造效率和塑料产品的质量。

3.1　注射模 CAD 概述

3.1.1　注射模设计技术的发展阶段

注射模设计技术的发展主要经历了如下 3 个阶段。

1. 手工作坊设计阶段

这一阶段一直持续到 CAD 技术的发展初期,当时的注射模设计,纯粹依靠设计人员的经验、技巧和现有的设计资料,从塑件的工艺计算到注射模的设计制图,全靠手工操作完成,是一种手工作坊式的设计方式,生产效率极为低下。同时,由于设计过程纯粹依赖于设计人员的经验和技巧,缺乏系统的理论指导,所以模具和塑件的质量难以保障。

2. 通用 CAD 系统设计阶段

20 世纪 70 年代,以手工为主的作坊式注射模生产在质量和数量上已跟不上塑料工业生产高速发展的形势,远远满足不了用户"高质量、短周期、低价格"的要求,于是人们开始尝试使用当时比较成熟的通用 CAD 系统进行注射模设计。到了 80 年代,随着 UG、Pro/E 等优秀通用 CAD 集成软件系统的问世,注射模 CAD 技术也蓬勃发展起来了。CAD 技术在注射模设计中的应用,很大程度上提高了注射模设计的质量和效率,提高了注射模设计的整体水平。

3. 专用注射模 CAD 系统设计阶段

采用通用 CAD 系统进行注射模设计,虽然在很大程度上提高了模具设计质量和效率,但是,一方面由于通用 CAD 系统在一定意义上说,只是一种几何建模工具,并不是具有真正意义的设计工具。通用 CAD 系统对注射模设计效率的提高主要在于三维效果的增强、分析及建模速度的加快等。但注射模设计经验的加入主要还是依赖于人工干预,每一次设计的设计过程与手工实现基本一样,设计效率没有从根本上得到提高。另一方面,作为通用的 CAD 系统,无论是 UG 还是 Pro/E,在开发之初都是作为通用机械设计与制造工具来构思的,并不针对注射模具,因此在使用这些通用 CAD 软件设计注射模时仍会感到效率低下、操作繁琐且功能短缺。为此,近年来发展的趋势是开发新一代的注射模 CAD 专用系统,或者是在 CAD 通用系统的基础上进行有针对性的二次开发,以实现注射模设计在一定程度上的自动化和智能化。

3.1.2 CAD 技术在注射模中的应用

CAD 技术在注射模中的应用主要表现在以下几方面。

1. 塑料制品的设计

塑料制品应根据使用要求进行设计,同时还要考虑塑料性能、成形的工艺特点、模具结构及制造工艺的要求、成形设备、生产批量、生产成本,以及外形的美观大方等各方面的因素。由于这些因素相互影响,所以要得到一个合理的塑料产品设计方案非常困难。同时塑料品种繁多,要选择合适的材料需要综合考虑塑料的成本及其力学、物理及化学性能,要查阅大量的手册和技术资料,有时还要进行实验验证。所有这些工作,即使是有丰富经验的设计师也很难取得十分满意的结果。

基于特征的三维造型软件为设计师提供了方便的设计平台、强大的编辑修改功能和曲面造型功能。逼真的显示效果使设计者可以运用自如地表达自己的设计意图,真正做到所想即所得,而且制品的质量、体积等各种物理参数一并计算保存,为后续的模具设计和分析打下良好的基础。强大的工程数据库包括了各种塑料的材料特性,且添加方便。基于知识的推理(KBR——Knowledge - Based Reasoning)和基于实例的推理(CBR——Case - BasedReasoning)这样的专家系统的运用,使塑料材料的选择简单、准确。

2. 模具结构设计

注射模具结构要根据塑料制品的形状、精度、大小、工艺要求和生产批量来决定,它包括型腔数目及排列方式、浇注系统、成型部件、冷却系统、脱模机构和侧抽芯机构等几大部分,同时要尽量采用标准模架。CAD 技术在注射模中的应用主要体现在注射模具结构设计中。

3. 模具开、合模运动的仿真

注射模具结构复杂,要求各部件运动自如、互不干涉,且对模具零件的动作顺序、行程有严格的控制。运用 CAD 技术可对模具开模、合模以及制品被推出的全过程进行仿真,从而检查出模具结构设计的不合理处,并及时更正,以减少修模时间。

采用注射模 CAD 技术的优越性是显而易见的。按照传统方法,塑料制品的构思完成后,需制作实体模型以评估其外观、测定其性能。若采用仿形加工来制造模具型腔或者电火花机床所需的电极,常需要先做木模,经过两次翻型后才能得到石膏靠模。这种方法的致命缺点是木模的精度无法保证;此外,若仅凭直觉和经验设计模具,往往需要多次试模和修正,才能使模具生产出合格的塑料制品。

注射模 CAD 技术从根本上改变了传统的模具生产方式及流程。采用几何造型技术,塑料制品一般不必进行原型试验,制品形状能逼真地显示在计算机屏幕上,借助于弹性有限元软件可以对制品的力学与使用性能进行预测。采用模具 CAD 软件,自动绘图能够取代人工绘图,自动检索能够取代查阅手册,快速分析能够取代手工计算。模具设计师可以从繁重的绘图和计算中解放出来,集中精力从事诸如方案构思和结构优化等创造性的工作。

在模具图下达生产车间之前,利用计算机分析软件可以预测注射成型工艺及模具有关结构参数的正确性与合理性。例如,可以采用流动分析软件来考察塑料熔体在模具型腔内的流动过程,以此改进流道与浇口的设计;采用保压和冷却分析软件来考察塑料熔体的压实和凝固过程,以此改进模具冷却系统设计,调整注射成型工艺参数,提高制品的质量与生产效率;还可采用应力分析软件来预测制品出模后的翘曲和变形情况。

3.1.3 注射模 CAD 技术的发展趋势

在西方先进的工业国,注射模 CAD 技术的应用已非常普遍。公司之间模具订货所需的塑料制品资料已广泛使用电子文档。当前代表国际先进水平的注射模 CAD 技术的工程应用具体表现在如下 4 个方面。

1. 基于网络的模具 CAD/CAM/CAE 集成化系统已开始使用

如英国 Delcam 公司在原有软件 DUCT5 的基础上,为适应最新软件发展及实际需求,向模具行业推出了可用于注射模 CAD/CAM 的集成化系统 Delcam's Power Solution。该系统覆盖了几何建模、注射模结构设计、反求工程、快速原型、数控编程及测量分析等领域。系统的每一个功能既可独立运行,又可通过数据接口做集成分析。

2. 微机软件在模具行业中发挥着越来越重要的作用

在 20 世纪 90 年代初,能用于注射制品的几何造型和数控加工的模具 CAD/CAM 系统主要是在工作站上采用 UNIX 操作系统开发和应用的,如在模具行业中应用较广的美国 Pro/E、UG 和 CADDS5,法国的 CATIA 和 EUCLID,英国的 DUCT5 等。随着微机技术的飞速进步,在 20 世纪 90 年代后期,基于 Windows 操作系统的新一代微机软件,如 SolidWorks、SolidEdge、AutoCAD MDT 等崭露头角。这些软件不仅在采用 NURBS 曲面(非均匀有理 B 样条曲面)、三维参数化特征造型等先进技术方面继承了工作站级 CAD/CAM 软件的优点,而且在 Windows 风格、动态导航、特征树及面向对象等方面还具有工作站级软件所不能比拟的优点,深受使用者的好评。为了顺应潮流,许多工作站级软件相继都移植了微机的 CAD/CAM 版本,有的软件公司为了能与 Windows 操作系统风格一致,甚至重写了 CAD/CAM 系统的全部代码。

3. 模具 CAD/CAM/CAE 系统的智能化程度正在逐步提高

当前,注射模设计和制造在很大程度上仍依靠人的经验和直觉。仅凭软件有限的数值计算功能,是无法为用户提供符合实际情况的正确结果的,因此软件的智能化功能必不可少。面向制造、基于知识的智能化功能现已成为衡量模具软件先进性和实用性的重要标志之一。许多软件都在智能化方面做了大量的工作。如以色列 Cimatron 公司的注射模专家系统,能根据脱模方向优化生成分模面,其设计过程实现了模具零件的相关性,自动生成供数控加工的钻孔表格,在数控加工中实现了加工参数的优化等,这些智能化的功能可显著提高注射模的生产效率和质量。

4. 三维设计与三维分析的应用和结合是当前注射模技术发展的必然趋势

在注射模结构设计中,传统的方法是采用二维设计,即先将三维的制品几何模型投影为若干二维视图后,再按二维视图进行模具结构设计。当前公司已基本采用实体模型的三维模具结构设计。与此相适应,在注射模模拟软件方面,也开始由基于中心层面的二维分析方式向基于实体模型的三维分析方式过渡,使三维设计与三维分析的集成得以实现。

3.2 注射模 CAD 的主要内容

3.2.1 注射模工作原理和结构组成

注射成型是应用极为广泛的一种塑料成型方式。用于注射成型的注射模的结构与塑料品种、制品的结构形式、尺寸精度、生产批量以及注射工艺条件和注射机的种类等许多因素有关，因此其结构多种多样，但在工作原理和基本结构组成方面有着一些普遍的规律和共同点。

任何注射模都可以分为定模和动模两大部分。定模部分固定在注射机的固定模板（定模固定板）上，在注射成型过程中始终保持静止不动。动模部分则固定在注射机的移动模板（动模固定板）上，在注射成型过程中可随注射机上的合模系统运动。开始注射成型时，合模系统带动动模朝着定模方向移动，并在分型面处与定模对合，其对合的精确度由合模导向机构保证。动模和定模对合之后，固定在定模板中的型腔与固定在动模板上的型芯构成与制品形状和尺寸一致的闭合模腔。模腔在注射成型过程中可被合模系统提供的合模力锁紧，以避免它在塑料熔体的压力作用下涨开。注射机从喷嘴中注射出的塑料熔体经由开设在定模中央的主流道进入模具，再经由分流道和浇口进入模腔，待熔体充满模腔并经过保压、补缩和冷却定型之后，合模系统带动动模后撤复位，从而使动模和定模两部分从分型面处开启。当动模后撤到一定位置时，安装在其内部的顶出脱模机构，将会在合模系统中的推顶装置作用下与动模其他部位产生相对运动，于是制品和浇口及流道中的凝料将会被它们从型芯上以及从动模一侧的分流道中顶出脱落，就此完成一次注射成型过程。

模具的主要功能结构由成型零部件（型芯、型腔）、合模导向机构、浇注系统（主、分流道及浇口等）、顶出脱模机构、温度调节系统（冷却水通道等）以及支承零部件（定、动模座，定、动模板和支承板等）组成，但在许多情况下，注射模还必须设置排气机构和侧向分型或侧向抽芯机构。因此，一般都认为，注射模可由上述 8 大功能结构组成。

① 成型零部件：这些零部件主要决定制品的几何形状和尺寸，如型芯决定制品的内形，而型腔决定制品的外形。

② 合模导向机构：这种机构主要用来保证动模和定模两大部分或模具中其他零部件（如型芯和型腔）之间的准确对合，以保证制品形状和尺寸的精确度，并避免模具中各种零部件发生碰撞和干涉。

③ 浇注系统：该系统是将注射机注射出的塑料熔体引向闭合模腔的通道，对熔体充模时的流动特性以及注射成型质量等具有重要影响。该系统通常包括主流道、分流道、浇口、冷料穴及拉料杆。其中，冷料穴的作用是收集塑料熔体的前锋冷料，避免它们进入模腔后影响成型质量或制品性能；拉料杆的作用，除了用其顶部端面构成冷料穴的部分几何形状之外，还负责在开模时把主流道中凝料从主流道中拉出。

④ 顶出脱模机构：该机构是将塑料制品脱出模腔的装置，其结构形式很多，最常用的顶出零件有顶杆、顶管和脱模板（推板）等。

⑤ 侧向分型与侧向抽芯机构：当塑料制品带有侧凹或侧孔时，在开模顶出制品之前，必须先把成型侧凹或侧向型芯从制品中脱出，侧向分型或侧向抽芯机构就是为了实现这类功能而设置的一套侧向运动装置。

⑥ 排气结构：注射模中设置排气结构，是为了在塑料熔体充模过程中排除模腔中的空气和塑料本身挥发出的各种气体，以避免它们造成成型缺陷。排气结构既可以是排气槽，也可以是模腔附近的一些配合间隙。

⑦ 温度调节系统：在注射模中设置这种系统的目的，是为了满足注射成型工艺对模具温度的要求，以保证塑料熔体的充模和制品的固化定型。如果成型工艺需要对模具进行冷却，一般可在模腔周围开设由冷却水通道组成的冷却水循环回路。如果成型工艺需要对模具加热，

则模腔周围必须开设热水、热油或蒸汽等一类加热介质的循环回路,或者是在模腔周围设置电加热元件。

⑧ 支承零部件:这类零部件在注射模中主要用来固定或支承成型零部件等上述7种功能结构,将支承零部件组装在一起,可以构成模具的基本骨架。

根据注射模中各零部件与塑料的接触情况,注射模中所有的零部件也可以分为成型零部件和结构零部件两大类型。其中成型零部件系指与塑料接触,并构成模腔的各种模具零部件;结构零部件则包括其余的模具零部件,它们具有支承、导向、排气、顶出制品、侧向抽芯、侧向分型、温度调节及引导塑料熔体向模腔流动等功能作用或功能运动。在结构零部件中上述的合模导向机构与支承零部件合称为基本结构零部件,因为二者组装起来之后,可以构成注射模架。任何注射模都可借用这种模架为基础,再添加成型零部件和其他必要的功能结构零部件来形成。

3.2.2 注射模 CAD 系统的工作流程

在注射模设计中,模具结构设计涉及的内容既深又广。在传统设计中,模具设计人员首先根据产品图,进行模腔尺寸换算得到模腔图形,然后,通过型腔布置、标准模架选择、流道设计、动模和定模部装图设计、顶出机构设计、斜抽芯机构设计、冷却系统设计及总装图设计等步骤,完成注射模总装图、部装图和零件图等的绘制。由于大多数注射零件形状复杂,传统的手工设计周期长,模具图的绘制也非常繁杂,所以利用计算机辅助手段(CAD)来进行注射模的结构设计就很有必要。

注射模 CAD 系统的工作流程如图 3.1 所示,可以分为以下 10 步。

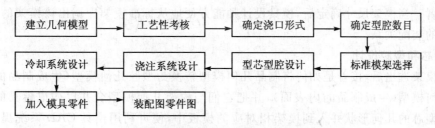

图 3.1 注射模 CAD 系统的工作流程

1. 建立几何模型

注射模 CAD 工作的第一步是建立塑料制品的几何模型。在传统的手工设计中,制品的形状是用一系列二维视图来表征。对于形状复杂的制品,有时用二维视图很难十分清晰地描述制品的复杂部位,而不得不先制作真实的模型或样板,供模具设计师正确地绘制模具结构图,或者供新产品设计师对制品的外观和功能进行考核。采用 CAD 系统可以在计算机中建立制品的三维几何模型。这样,几何模型可以在显示屏上旋转与放大,可以在任意部位剖切,还可以采用逼真的彩色渲染图,在许多情况下可以省去模型或样板的制作工序。若仍需制作模型,可利用三坐标测量仪将模型的几何形状数字化,存储在 CAD 系统的数据库中,以便用于模具的设计与数控加工。

2. 进行工艺性考核

在计算机中建立起制品的三维几何模型后,可以采用工艺性分析软件对该模型进行注射成型工艺性考核。例如检查制品的壁厚是否在成型的允许范围内,制品的流动长度是否超过了所使用塑料的极限值,制品的塑料注射量是否超过了所用注射机的额定值,估算该制品的制造费用。如果对制品的某项成型工艺性感到不满意,则可反复修改制品几何模型,直到满意为止。

3. 确定浇口形式

当制品的注射成型工艺性检验通过后,下一步工作是确定该制品的浇口形式、数量和位置。在手工设计中,这项工作只能凭借经验或者简单公式进行粗略估算,设计师对浇口设计方案的正确性并不能做到胸有成竹,稍有差错便会导致无法挽回的错误。流动分析软件能够对设计师拟定的浇口方案进行多方面的导向和考核,能帮助设计师在确定浇口方案时得到理想的塑料熔体流动形式,控制熔合纹的形成位置,减小制品某些敏感区域的模塑应力。此外,流动分析软件还能用来选择较好的注射成型参数,例如塑料熔体的熔化温度和模具型腔温度等。

4. 模具型腔数目和模具尺寸设计

制品的浇注系统方案大致决定后,注射机喷嘴与制品之间的相互位置关系也就随之确定,模具结构的CAD工作便可开始。模具尺寸首先取决于在一副模具内安排多少型腔。型腔数目的选择与许多因素有关。模具设计师可以借助于专用软件来选择合适的型腔数目。例如华中科技大学开发的H-Mold2.0软件可以从制品的精度及经济性要求、注射机最大额定注射量、最小注射量、注射机装模空间和注射机最大锁模力等6个方面对模具型腔数目进行分析,并能综合以上各个因素推荐最佳选择。

5. 标准模架选择

基于型腔数目、排列方式和浇注系统布置,注射模CAD软件能用来选择最合适的标准模架。其判断准则为所选用的模架中的推出板必须完全包容各个型腔,且又是所有可选模架中尺寸最小者。当模架尺寸确定后,模具设计师能方便地从标准模架库调出该模架的所有零件以及它们的装配关系。

6. 型芯和型腔设计

标准模架选出后,接着是如何将制品几何模型转换为型腔几何模型(生成制品的外表面)和型芯几何模型(生成制品的内表面),并把它们与模架几何模型合并以构成模具的装配图。将型腔和型芯的几何形状并入到模架相对应的模板中,便可利用模具CAD系统提供的图形编辑功能划分出型腔组合模块(又称定模部装)和型芯组合模块(又称动模部装)。当需要采用斜抽芯机构时,还应划分出滑动模块。不同类型的模块应排在不同图层中,这样就可将各个模块形状分别提取出来,以便后续的模具零件图设计与绘制。

7. 浇注系统设计

可再次利用流动分析软件来平衡一模多腔的浇注系统,或通过调整各级分流道和浇口尺寸来优化制品的成型压力。

8. 冷却系统设计

冷却系统的设计应紧接在浇注系统设计之后进行。在注射模设计中,冷却系统中管道布置常常与顶出机构中推杆布置发生冲突。在以往尚未应用CAD技术的时代里,冷却管路形式、冷却水温度与冷却管道布置等因素之间的关系很难分析计算,于是推杆布置便成为首要任务,冷却管道只得在推杆布置后所剩余的空间里安插,冷却效率与质量无法保证。这样的设计原则必然导致模具冷却时间过长和制品脱模时温度分布不均匀。冷却分析软件的应用可以改变以往模具设计师"重推出、轻冷却"的倾向。现在在冷却管道布置时,模具设计师可同时考虑推杆与冷却管道的布置。当推杆与冷却管道发生冲突时,可以设计几种折中方案,然后利用冷却分析软件对这几种冷却回路进行分析,根据分析结果选择出最佳冷却回路,并确定该冷却回路合适的水流速度、水温、模具温度以及水泵压力等参数。

9. 加入模具零件

冷却系统设计完成后,便可将各个部装图与标准模架合并在一起,再加入推杆等模具零件。

10. 绘制装配图和零件图

以上设计工作完成后,便可在绘图机上绘制模具的装配图与零件图。

采用模具 CAD 技术以后,模具制造车间对模具图样的依赖性大为减少。目前在采用了模具 CAD 的工厂里,仅依靠少许模具图样和数控加工指令,便可生产出合格模具。传统使用的全套模具图在这些工厂里仅作为技术资料加以保存,或者作为检验的依据。

从以上所述可知,模具 CAD 的应用从根本上改变了传统的模具生产方式,显著地缩短了模具设计与制造时间,减少了对模具工作者经验和技艺的依赖,提高了模具和塑料制品的质量。

3.3　注射模成型零部件 CAD

注射模具的成型零部件是指构成模腔的模具零件,其中型腔用以形成制品的外表面,型芯用以形成制品的内表面,成型杆用以形成制品的局部细节。在注射模具的设计过程中,成型零部件的设计是重点,如何根据注射制品直接得到成型零部件的结构与尺寸是人们一直关注和研究的重点。这其中,分型方向、分型线和分型面的确定极其关键。由于分型面的定义比较复杂,很难通过软件来自动处理,目前一般都采用交互方式来定义分型方向和分型线,通过选择分型线来定义分型面,CAD 软件通过提供一些辅助工具来提高用户操作的效率。

成型零部件的设计包括尺寸的转换、制品的修补、型腔布置、分型线与分型面定义以及型芯型腔生成等几个步骤。

1. 尺寸的转换

制品与型腔、型芯形状之间的转换是借助于塑料材料收缩率补偿计算完成的。在手工设计时,材料收缩率补偿通常是由模具设计师对制品三维视图的各个尺寸逐一进行换算。这是一件十分繁冗的工作。通常将尺寸分为以下 5 类,并分别采用不同的尺寸计算公式:

① 塑料产品外形径向尺寸,即型腔内形尺寸;
② 塑料产品内形径向尺寸,即型芯外形尺寸;
③ 塑料产品外形高度尺寸,即型腔深度尺寸;
④ 塑料产品内形高度尺寸,即型芯高度尺寸;
⑤ 中间距尺寸。

采用模具 CAD 技术后,尺寸的收缩补偿工作变得非常简易。如果所用塑料材料的收缩变化范围小且收缩均匀性好,模具 CAD 系统只需一个简单的变换比例的命令,就能完成制品的等距放大,然后将经过变换得到的型腔和型芯形状数据存储到数据库中。

如果塑料材料在各个方向上的收缩特性存在着较大差异,也有相应的方法来进行材料收缩的补偿。例如,当塑料材料在熔体流动方向与垂直流动方向上存在着较大差异时,可以在制品上定义一个局部坐标系,其 x 轴和 y 轴分别对应熔体流动方向和垂直流动方向,然后在 x、y、z 三个方向上选用不同的放大系数来补偿塑料材料的收缩。

若模具设计师选用的 CAD 系统具有三维参数化造型功能,则可以直接对制品尺寸进行收缩率补偿。可将所有尺寸赋予相等的收缩率,也可以赋予各类尺寸不相等的收缩率,这要取决于塑料材料的收缩特性以及模具设计师对制品收缩特性的认识和经验。

对于没有参数化功能的 CAD 系统,一般方法是先计算好所有新的尺寸,再根据新的尺寸重新造型,为简便起见,也可以不重新输入零件而只更新其尺寸标注,但此时图形实际尺寸与标注尺寸会略有出入,不能用于后续的数控加工。

2. 制品的修补

一般而言,存在于零件表面上开放的孔和槽在分型前都要求被"封闭",这些待"封闭"的孔和槽就是需要进行制品修补的地方。制品修补所采用的主要方法如图 3.2 所示。其中片体补丁用于覆盖一个开放的曲面并确定覆盖于零件的厚度的哪一侧,实体补丁是用材料去填充一个空隙,并将该填补部分加到以后的型芯、型腔或侧抽芯。

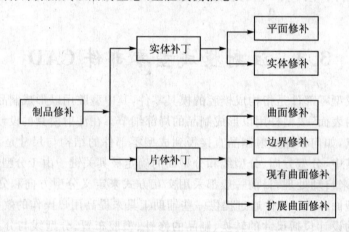

图 3.2 制品修补所采用的主要方法

实体补丁主要有两个方式:实体修补和平面修补。平面修补通过创建一个"薄皮"来覆盖一个平表面上的内孔,是以拉延体作为补丁的修补方法,因此,属于实体补丁的范畴。CAD 系统可以自动识别在平表面上的所有封闭环(作为内部孔),并用这些封闭环的外部边界拉伸一个非常薄的实体构成补丁。如图 3.3 所示,塑料杯底部的通孔 1 和 2 可用平面修补来完成。平面补丁的好处在于直接在边界环上操作,不需要复制曲面,几乎不增加额外的内存,但以后在型芯、型腔内部接触面间有一个小间隙(薄皮的厚度)。实体修补常用于那些形状比较复杂的结构,此时首先要手工创建修补块,该修补块作为补丁来填充制品上的内孔。实体修补改变了制品某一区域的形状,分型之后必须通过布尔操作在型芯或型腔上加入或减去一个与实体修补块相同的结构。图 3.3 所示塑料杯外表面的孔 3 和 4 可用实体修补来完成,此时必须先建立与孔结构和尺寸一致的修补块。

片体补丁主要的实现方式有曲面修补、边界修补、现有曲面修补和扩展曲面修补等。

① 曲面修补:是最易使用的修补方法,应用于被修补的孔完全包含在单个曲面内。当一个包含内孔的曲面被选中时,CAD 系统自动识别该曲面所包含的内封闭环边界,并通过创建一个曲面来修补。

② 边界修补：图 3.3 中孔 3 和 4 也可通过曲面修补来完成。如果待修补的孔跨过了面的边界，或必须创建一个边界但又没有相邻边供选择，这时，边界修补非常有用。用边界修补时，系统可以引导用户来选择边和线，定义所创建的修补面的边界，图 3.3 杯底部侧孔 5 可用边界修补来完成。

③ 现有曲面修补：当不能使用上述两种常规方法进行修补时，便可使用造型系统的自由曲面功能或其他功能来人工创建一个修补曲面，一旦创建好了修补曲面，便可使用造型系统的自由曲面功能或其他功能来人工的创建一个修补曲面，一旦创建好了修补曲面，便可通过现有曲面修补来选择已创建的曲面进行修补。

④ 扩展曲面修补：该功能主要用于补丁工作中的修剪操作，复制一个比原曲面稍大一些的面，扩展面的另一个用途就是可创建一个相关的分型面。

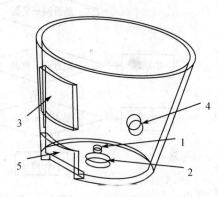

图 3.3　带孔塑料饮料杯修补示意图

修补的具体实现需要系统的曲面和实体造型等功能来支持，模具 CAD 的主要任务实际上是根据修补的特点引导调用系统的造型功能。

3. 型腔布置

型腔布置的形式比较固定，如矩型、圆周型和 H 型等，通过对常用结构形式进行总结并参数化后提供给用户选择。同时系统还应提供重定位功能，允许用户对单个或多个型腔位置进行修改。

4. 分型线与分型面定义

分型面是指用于分开模具以取出制品的曲面（或平面）。分型面的确定应遵循下面的原则：

① 分型面应开在塑料产品最大轮廓处；
② 由于浇口和分流道经常处于分型面上，选择分型面要考虑便于浇注系统的设计；
③ 避免在制品的光亮平滑处或圆弧处开设分型面，以免留下溢料痕迹；
④ 尽量避免使用侧向抽芯和分型机构；
⑤ 分型面的选择应有利于开模时将产品留在动模一侧，以便脱模，简化模具结构；
⑥ 对同轴度要求高的塑件，最好将要求同轴的部位放在分型面的同侧；
⑦ 尽量将抽芯距离长的方向放在动定模的开模方向，避免侧向长距抽芯；
⑧ 分型面选择应使模具结构简单。

由于分型面的确定有很多的经验成分，因此进行分型面设计时，与模具设计人员的交流是必要的。要定义分型面，首先应确定分型线。分型线是分型面和制品几何体的相交处。专业的注射模 CAD 软件可基于脱模方向做产品模型的几何分析，自动识别出适合建立分型面的现有边界作为候选分型线。如果没有现成边界，也可找出产品的最大轮廓线，最大轮廓线将分割其所在的跨越面，使跨越面的一部分留在型腔侧，另一部分留在型芯侧。

有了分型线后，创建分型面有两个步骤：
① 用自动工具通过拉延、扫掠、扩展和蒙面等方法直接从所定义的分型线中分段逐个创

建片体(或创建一个自定义片体),判断分型面片体类型的流程如图3.4所示。

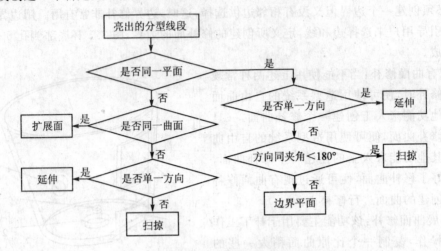

图 3.4 选择分型面片体类型的流程图

② 缝合所创建的分型片体,使之从分型体开始到成型镶件边缘之间形成连续的边界。

上述设计方法主要适用于专业CAD软件,对于通用系统,由于没有专有的分型功能支持,需要设计人员利用系统的造型功能自行选择、构造分型片体,最后整合成一个分型面整体。

5. 型芯和型腔的生成

首先使用实体模型的差操作,将制品模型从其包围盒中减去,得到一个含有空腔的模型。用前面所得的缝合曲面来修剪该空腔模型便可得型芯和型腔模型。

3.4 注射模标准模架的建库与选用

3.4.1 装配模型的定义

装配体零件之间的关系很复杂,可以用装配树的形式表达,如图3.5所示的模具结构,图3.6为对应的装配树,它通过自顶向下的设计过程,将装配体构成一棵树,用以表示装配体的组成。

3.4.2 标准模架装配模型的建立

1. 模架建库的基本流程

在注射模具的设计制造过程中,选用标准模架简化了模具的设计和制造,缩短了模具的生产周期,方便了维修,而且模架精度和动作可靠性容易得到保证,因而使模具的整体价格下降。目前标准模架已被模具行业普遍采用,如美国的D-M-E标准模架,日本的双叶金型材标准模架等,我国也有标准模架的国家标准,《塑料注射模中小型模架》(GB/T 12556.1—1990)规定:模架结构形式为品种型号,即基本型,分为A1、A2、A3和A4四个品种,派生型分为P1~P9九个品种;还规定,以定模、动模座板有肩、无肩划分,又增加13个品种,共26个模架品种,这些品种全部采用《塑料注射模零件》(GB 4169.1—11—1984)规定的零件组合而成,以模板的每一宽度尺寸为系列主参数,各配以一组尺寸要素,组成62个尺寸系列,按照同品种、同系

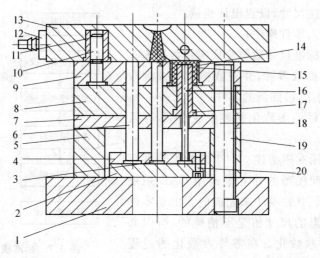

1. 动模座板; 2. 推板; 3. 拉料板; 4. 推杆固定板; 5. 垫板; 6. 复位杆; 7. 支撑板;
8. 型芯固定板; 9. 动模板; 10. 导柱; 11. 导套; 12. 水嘴; 13. 定模座板; 14. 镶套;
15. 成型推杆; 16、17. 镶件; 18. 销钉; 19. 内六角螺钉; 20. 沉头螺钉

图 3.5 典型的注射模结构

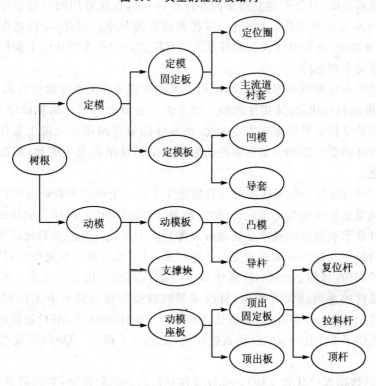

图 3.6 与图 3.5 对应的装配树

列所选用的模板厚度 A、B 和垫块高度 C 划分为每一系列的规格,供设计时任意组合使用。由此可知,标准模架数据非常庞大。

标准模架装配模型库的建立过程如图 3.7 所示,其步骤是:

① 造型生成模架的各个零件图;

② 为零件图标注尺寸,设置设计变量;
③ 把零件图放入零件库中;
④ 输入零件的标准尺寸数值完成零件数据库;
⑤ 从零件库中提取零件,并在数据库中查询数据,完成零件的参数化,得到新的零件;
⑥ 完成所有零件的参数化并装配成模架,存入模架库中。

为每一品种的标准模架建立一个装配模型并存储在模架库中。装配模型的建立是运用 CAD 系统装配功能组装零件库中的零件来完成的。由于零件库中零件的初始图形的尺寸值是不精确的,所以必须逐一提取零件并参数化。在零件参数化的过程中,可以使用任一系列的任一规格,但对同一标准模架的所有零件都应使用同一规格的尺寸。

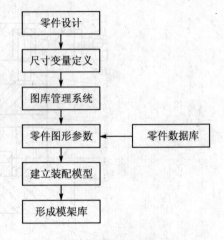

图 3.7　标准模架建库流程图

2. 零件建库的实现方法

要建立标准模架库,首先要建立模架的零件库,同时,企业常用的一些非标准零件和结构也可以通过建库来实现系列化,以便进一步提高设计的效率。因此,零件建库功能是注射模 CAD 系统的关键功能,也是设计人员和开发人员共同关心的基本模块。下面以动模板为例介绍零件建库的主要实现思路。

零件库包括图形库和数据库两部分,采用数据库管理零件的尺寸数据有如下优点:

① 数据与图形相互独立,又相互依赖。独立性是指数据存放在数据库中,可由多个程序同时共享。依赖性是指如果数据库发生变化,则零件的最终图形也会发生变化。但零件的初始图形并不会因此而受到影响。如果零件初始图形的拓扑结构发生变化,则数据库的结构也会有相应的变化。

② 数据便于扩充,每一个零件都对应着数据库中的一个或多个表,一旦对应关系建立后,用户只需简单地对数据库中的记录进行编辑(添加、删除或修改),即可生成新的零件图形。

参数化设计技术和数据库技术是实现标准件建库的基础。其中参数化设计技术支持在改变尺寸约束的情况下通过约束求解来更新零件模型,其实现方法比较复杂,通过二次开发来实现有一定的困难,好在目前主流 CAD 系统基本上都具有参数化设计功能。数据库技术用来存储和管理标准件的系列化尺寸数据,目前主要的数据库编程接口有 ODBC、DAO 和 ADO 等,其中 DAO(Date Access Object,数据访问对象)是 Microsoft 为 MFC 提供的一组数据库接口类,MFC 库提供了 5 个用于 DAO 的数据库类,如表 3.1 所示。DAO 所支持的数据库连接方式有 4 种:

① 打开访问数据库(MDB 文件),MDB 文件是自包含的数据库,它包括查询定义、安全信息、索引、关系,当然还有实际的数据表;
② 直接打开 ODBC 数据源;
③ 用 Jet 引擎打开 ISAM(索引顺序访问方法)数据源,包括 dBASE,Foxpro,Paradox,Btrieve,Excel 或文本文件;
④ 给 Access 数据库附加外部表,这是用 DAO 访问 ODBC 数据的首选方法。

第3章 注射模CAD技术

表 3.1 DAO 数据库类

类 名	用 途
CDao Workspace	管理单个用户数据库的接口
CDaoDatabase	应用数据库的接口
CDaoRecordset	应用一组记录的接口(如表类型记录集、动态类型记录集和瞬态类型记录集)
CDaoTableDef	操纵基本表或附属表的定义接口
CDaoQueryDef	查询数据库的接口

要建立零件库,必须首先绘制零件的初始图形。零件图形不仅描述了拓扑结构,还包含了尺寸变量信息,这些尺寸变量是连接零件图形与数据库之间的桥梁,例如,在具备参数化设计功能的CAD系统中(如UG、Pro/E等),绘制如图3.8所示的动模板原始图形(零件造型),用变量的方式标注好所有的零件尺寸。原始图形的尺寸值不必非常精确,但必须标出所有需要的尺寸。

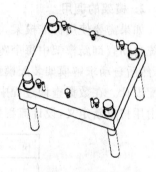

图 3.8 动模板图

零件初始图形设计好以后,需要提取出零件图形中的所有尺寸变量,并通过数据库管理软件(如Access、Excel等)建立相应的数据库表。动模板的数据库结构如图3.9所示,其中的每一个字段与图形中的一个尺寸变量相对应。在注射模具中,特别是板类零件,对于不同的系列,有时仅仅是板厚不同,其余的尺寸完全相同。例如,在图3.9所示零件中,AP_h 为多值参数,表示零件的厚度。使用这种多值参数的表示方式就可以极大地减少数据的冗余度。例如该零件的1010系列,具有5个多值参数,如果不采用多值参数的表示方式,则在主数据表中1010系列就需要5条记录才能表示,而现在只需记录一条多值参数即可完整表示一个系列。对于没有这种多值参数特点的零件,其数据库结构相对简单,只需要单独一条数据即可。

index	mold_w	mold_l	offset_fix	offset_move	TCP_type	TCP_w	TCP_h	BCP_h	AP_h
1010	99.5	99.5	0	0	2	99.5	12	12	16,20,26,36,46
1012		125					12	12	
1212	125	125			1,2	156	16	16	20,26,36,46,56
1216		156							
1616	156				1,2,3	196	20	20	26,36,46,56,66,76
1620		196							
1625		246							
2020	196	196				246	26,27	26,27	26,36,46,56,66,76,86
2025		246							
2030		296							
2035		346							
2040		396							
2225	214	246			2,3	214			
2525	246	246			1,2,3	296			26,36,46,56,66,76,86,9

图 3.9 动模板数据库结构

零件初始图形及其对应的数据库表都准备就绪以后,就需要开发程序来实现数据库与图形库的连接。主要的工作是要方便地实现数据库的查询、选择和编辑,这部分与采用何种CAD系统无关。

3.4.3 标准模架装配模型的管理与调用

1. 模架库的管理

在模架数据库中,不仅存储了标准模架,还要存储用户和厂家的典型模架,所以必须建立一个有序的管理系统,以便将模架库与零件图形库、零件数据库有机地结合起来。

在模架库的建立过程中,可以把国标模架放在一个模架库中,用户自定义的模架放在另外的库中。由于装配模型的建立采用了实例化的思想,所以对于国标模架,只需要定义定模座板、定模板、动模板、导柱、导套、推件板、支撑板、垫块、复位杆、推出固定板、推出板、动模座板和六角螺钉等 13 类零件,从而大大地简化了数据库。

2. 模架的调用

如果需要使用标准模架,只需打开相应的模架库选择品种,然后选择系列,最后指定规格,系统自动查询新模架中每个零件的数据库得到新的系列、规格的数据,以此实现零件的参数化,然后自动求解模架装配模型的几何约束,得到新尺寸的模架三维装配体,实现模架的变量装配设计。在数据查询过程中,所有具有多值参数的零件,既可以采用数据库中的数值,也可以由用户重新定义,设计流程图如图 3.10 所示。

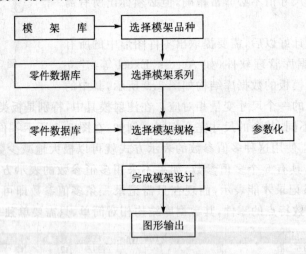

图 3.10 模架设计流程

3. 典型模架及厂标模架的建库及调用

对于用户常用的典型模架或本厂的标准模架和标准件,只需按照以上步骤建立、调用即可,非常方便。同时,对于常用的部件装配体(如常见的斜导柱侧抽芯机构)也可以按照上述方法建模、入库和调用。

3.5 注射模典型结构与零件设计 CAD

典型结构是指虽然没有形成国家标准,但在实际生产中普遍采用的结构形式。它包括多个零件组成的子装配体和单个的零件,像拉料杆、主流道衬套及定位圈等都可看作典型结构。除此之外,在注射模设计中常用的典型结构还有侧抽芯机构及脱模推出机构,流道系统和冷却系统也可当作典型结构来处理。

参数化设计是提高典型结构设计效率的关键技术,通过总结企业常用的典型结构形式并以参数化的方式放入零件库中,在设计模具时只需选择合适的结构形式,输入相应的尺寸参数值即可,非常方便。由于典型结构自身的复杂性及其与模架之间的复杂关系,完全自动设计还不可能实现,通常是提供一个交互的设计环境,根据各种结构的自身特点提供一些辅助工具,如自动计算推杆长度等。主流道衬套、定位圈和拉料杆虽然都是非标准零件,但在生产实际中其结构、形状都比较固定、简单,所以 CAD 系统通常把几种常用的典型结构放入图形库中,只需输入合适的尺寸值即可。下面分别介绍浇注系统、推出机构、侧抽芯机构和冷却系统的设计。

3.5.1 浇注系统设计

浇注系统是指注射模从主流道的始端到模腔之间的熔体进料通道,由主流道、分流道、浇口及冷料穴 4 部分组成,如图 3.11 所示。浇注系统是获得优质塑料制品的关键因素,其详细形状、尺寸及位置的设计除了依赖于模具设计师的经验外,还可以采用 CAE 软件进行分析来确定。

浇注系统的设计是在分型面定义完成后进行,先将浇注系统按实体模型设计,即在系统实体造型功能的基础上,根据浇注系统的特点,由 CAD 提供一些辅助功能引导用户创建浇注系统分流道及浇口等的实体模型,再将其实体模型与虚拟模腔做减运算,在型芯和型腔上产生出浇注系统所需的孔或槽。浇注系统的设计主要包括主流道、冷料穴、分流道和浇口的设计。

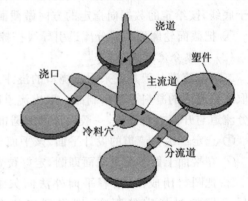

图 3.11 浇注系统组成

1. 主流道的设计

主流道是注射机与模具接触的通道,为了使塑料凝料能从主流道中顺利拔出,主流道都设计成圆锥形,具有 2°~6°锥角,小端直径通常为 4~8 mm。主流道的形状、结构比较简单,其设计在主流道衬套的选择中完成。

2. 冷料穴的设计

冷料穴的作用是存储因两次注射间隔而产生的冷料头及熔体流动的前锋冷料,以防止熔体冷料进入型腔。常见的形式有带 Z 形头拉料杆的冷料穴和带球头形拉料杆的冷料穴,所以冷料穴的设计主要就是拉料杆的设计。

3. 分流道的设计

分流道是指主流道末端与浇口之间的整个通道,其功能是使熔体过渡和转向。一般分为一级分流道(与主流道相接并呈垂直分布)和二级分流道(与浇口相连并与主流道平行),二级分流道一般用在采用点浇口的浇注系统中。

分流道的设计原则是压力损失少、热散失少和流道中塑料保持量少。常见的分流道截面如图 3.12 所示。其中(a)图所示圆形流道的效率最高,一般当分型面为平面时,常采用圆形截面的流道,当分型面不为平面时,考虑到加工的困难,常采用梯形或半圆形截面的流道。

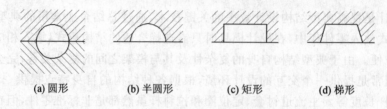

(a) 圆形　　　　(b) 半圆形　　　　(c) 矩形　　　　(d) 梯形

图 3.12　分流道形状

(1) 一级分流道设计

为了脱模方便,在一级分流道中,圆形截面的中心线在分型面上,矩形、梯形和半圆形截面流道的下底面也开设在分型面上,所以,一级分流道应以分型面为基础设计。其设计方法为:

① 在分型面上以直线和圆弧做出分流道的引导线;

② 为每段分流道选择截面形状,并输入参数;

③ 如果为圆形分流道,则以引导线的一端点为圆心做给定半径的圆,并把圆周封闭成面,分流道引导线垂直于该面;如果不为圆形分流道,则给定分流道所在分型面一侧的方向,该方向为分型面的法矢方向或法矢的反方向,以流道引导线的端点作为截面底线的中点,引导线垂直于底线,按给定的数据向指定的方向做截面轮廓,把截面轮廓封闭成面;

④ 把截面轮廓面沿着分流道引导线扫掠,即得到分流道实体形状。

(2) 二级分流道设计

二级分流道一般是在采用点浇口的浇注系统中使用,使用点浇口的模具需要二次分型,分别取出流道内的凝料和塑料制品。取出流道凝料的分型面一般比较简单,就是一个平面。二级分流道与开模方向平行,一般设计成倒圆锥形,以便于脱模。其设计方法为:

① 选定二级分流道的设计平面,该平面与脱模方向垂直;

② 在平面上做出流道截面即圆,定好位置和大小;

③ 把圆封闭成面,沿着平面外法向矢量的反方向扫过指定的距离,即得到二级分流道。

4. 浇口设计

浇口是连接流道与型腔之间的一段细短通道,它是浇注系统的关键部分。常见的浇口根据它们的位置可分为 3 类,如图 3.13 所示。由于浇口形状结构的复杂性,完全自动设计的系统还未出现,一般是提供一个方便的交互设计环境,把常用的浇口结构形式作为典型零件放入零件库中,在以后的设计中输入不同的参数值再进行定位和定位。

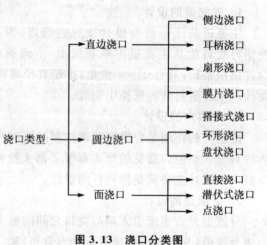

图 3.13　浇口分类图

3.5.2　侧向抽芯机构设计

塑料产品的侧面如有凹、凸,则需要考虑采用侧向成形和抽芯机构。在模具总体设计阶段,应确定是否要使用侧向抽芯机构及选用的类型,在此基础上进一步详细设计确定侧抽芯机构的零件组成,选择零件种类、约束尺寸,并将零件模型约束到模具的装配模型上。

侧向抽芯机构设计相关计算如下。

1. 抽芯距离的计算

抽芯距离指的是活动型芯从成型位置抽至不妨碍制件脱模的位置所移动的距离。活动型芯成型部位形状不同,抽芯距离的计算公式也不相同。

对于一般塑料产品的侧凹或孔,抽芯距离为:

$$L = h + \sigma$$

对于线圈骨架类塑件,抽芯距离为:

$$L = \sqrt{R^2 - r^2} + \sigma$$

式中,h 为侧凹或孔的深度;R 为塑件外径;r 为塑件内径;σ 为保证塑件脱模的安全余量,常取 2~3 mm。

2. 标准侧抽芯机构的种类及适用范围

标准侧向抽芯机构包括弹簧侧抽芯、斜导柱侧抽芯、斜滑板侧抽芯、斜滑块侧抽芯和弯销侧抽芯 5 大类。侧抽芯机构的结构不同,适用的范围也不相同。大体来说,可从侧凹或孔的几何形状、尺寸和位置来选择侧抽芯。常用侧抽芯机构的适用范围概括如下:

① 弹簧侧向抽芯机构　塑料产品的侧凹或孔较浅,所需抽拔力和抽芯距离不大时,可采用弹簧侧向抽芯机构。其能对内、外侧凹成型,结构也较为简单。

② 斜导柱侧向抽芯机构　适于抽拔力较大而抽芯距离较短的情况。其也能对内、外侧凹或孔成型,使用较为广泛。

③ 斜滑板侧向抽芯机构　用于成型具有深侧凹的产品,能提供较大的抽拔力和抽芯距离,通常用于外侧凹成型。

④ 斜滑块侧向抽芯机构　通常用于对内侧凹进行抽芯,要求型芯的周界尺寸较大。

⑤ 弯销侧向抽芯机构　可得到比斜导柱侧抽芯机构更大的抽芯距离和抽拔力,能对内、外侧凹成型,但结构较复杂。

侧向抽芯机构的选择往往不是唯一的,对相同的侧凹或孔,有时可选用不同类型的抽芯机构。

3. 斜导柱侧抽芯机构的设计

下面以图 3.14 所示斜导柱侧抽芯机构为例说明设计侧抽芯机构的一般步骤。首先,计算斜导柱的倾斜角 α、直径 d、工作长度 L_1 和总长度 L,即

$$L_1 = d\tan\alpha + \frac{S}{\sin\alpha}$$

$$d = \left(\frac{FH_1}{0.1[\sigma]\cos\alpha}\right)^{1/3}$$

$$L = 0.5(D-d)\tan\alpha + \frac{H}{\cos\alpha} + d\tan\alpha + \frac{S}{\sin\alpha} + K$$

式中,S 为抽芯距离;F 为斜导柱需提供的抽拔力;H_1 为抽芯孔顶点到 A 点距离;H 为斜导柱固定板厚度;D 为斜导柱固定端台阶直径;$[\sigma]$ 为最大弯曲许用应力;K 为裕量,可取 6~10 mm;α 为斜导柱倾斜角。

其次,选择斜导柱内部结构,包括活动型芯和滑块的固定形式、滑块和导滑槽固定形式、锁紧块类型、滑块定位形式。

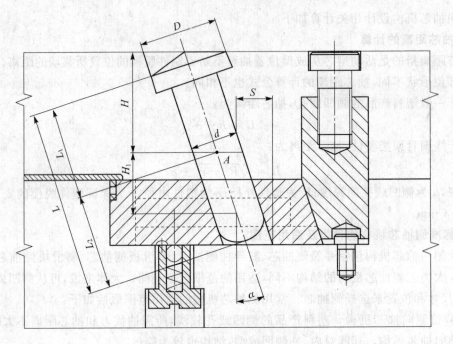

图 3.14 斜导柱侧抽芯机构计算

最后是斜导柱机构零件设计，斜导柱机构的零件模型均取自零件库。

3.5.3 脱模和顶出机构设计

脱模和顶出机构用于在开模时从模具型腔中脱出成型的塑料。除了脱模和顶出机构，另外还包括脱出浇道凝料的机构和复位、先复位机构。脱模和顶出机构的设计必须考虑塑料制件的形状、大小和浇注系统的形式、位置，而其结构变化较多，故对脱模和顶出机构的 CAD 设计环境提出了较高的要求。良好的脱模和顶出机构设计环境应提供：直观易用的用户界面；一组预定义的脱模和顶出机构结构形式，可用于一般模具的设计；一种开放式的结构，使模具设计人员可以根据需要设计出尚未定义的脱模和顶出机构。

分析不同模具的结构可以看出，虽然脱模和顶出机构的结构形式可以不同，但其基本组成是相同的，都包括：顶出零件（推杆、推管和推板）、推杆固定板、推出板、导向零件（导柱和导套等）、复位零件（复位杆、复位弹簧等）、定距零件（定距螺杆等）、拉料杆和挡销等。

脱模和顶出机构要能提供足够的脱模力，以克服由于塑料冷却收缩产生的对型芯的包紧力，使塑件顺利脱出。CAD 系统提供交互式设计环境，提供各类顶出零件和一些机械标准件，以设计人员为主导来确定顶出零件的规格、数量和安放的位置，构成脱模和顶出机构，同时由系统进行必要的计算与校核。设计环境使用的所有零件模型和子装配模型一般取自系统的零件模型库和子装配模型库。对顶杆设计，CAD 系统应提供优化功能，自动计算出需要的长度，并决定在哪些模板上打孔以安装顶杆。

CAD 系统应提供标准脱模和顶出机构，主要包括：

① 简单脱模机构　由顶杆、顶管、顶出盘、回程和复位装置组合而成，用于使用直浇口、侧浇口的模具。

② 推板脱模　标准模架中有的类型已包含了推板。

③ 顺序脱模机构　当模具采用点浇口时，由于点浇口的浇道凝料不易取出，需要采用两次分型机构。该机构控制模具第一次分型时取出浇道凝料，第二次分型时取出成型制品。

点浇口模具的脱浇口装置可有多种形式，CAD 系统应提供如下几种标准形式：顶出式，为每条分流道设计一条顶杆，适用于多腔模；斜窝式，在每条分流道末端开一斜向定模座板的小孔，以便开模时拉住浇道凝料，折断点浇口；脱件板式，使用脱件板拉出浇道凝料；拉杆式，使用分流道拉料杆拉住浇道凝料，开模时折断浇口。

3.5.4　冷却系统设计

冷却系统的作用是缩短模具的冷却时间，提高生产效率，还有调节和控制模温，保证成型产品质量的作用。常用的冷却方法是将水通入模具以带走热量。

CAD 系统可提供一组标准的冷却水道和冷却芯设计方案，以简化常用模具的设计。同时还提供交互式水道设计环境，用于设计形状特殊的水道。在 CAD 中，可用折线表示水道的走向，折线经过的路径就是水道中心的轨迹。设计的第一步是确定该折线各部位的精确位置，并进行计算得出水道的最佳直径。第二步对水道折线分段产生水道段。第三步是设置水道附属零件，如水管接头、锥螺塞和密封垫等。对型芯的冷却，CAD 提供一些预定义冷却结构以简化设计。

3.6　UG 软件针对注射模具制造的功能

UG 是近年来在中国制造业应用日趋广泛的三维 CAD/CAM 软件，提供了强大的参数化建模，功能强大的 CAM 模块，友好的二次开发接口，从而使复杂的三维设计和制造变得方便、直观。UG 软件主要具有以下功能特点：

① UG 软件提供了完善的复合建模工具，包括实体建模、曲面建模及装配建模。采用这些工具，设计者可以把设计思想变成直观的模型，在绘出二维图之前就可作为装配件进行观察和修改，实现了设计思想的直观描述。

② UG 软件在具备方便，快捷建模功能的同时，集成了高级装配、机构干涉分析、运动分析、运动仿真和有限元分析等辅助工具，为产品设计提供了完整的"数字化构造→数字化分析"的解决方案，从而可以缩短设计周期，减少与产品开发有关的时间和费用。

③ UG 软件的图形功能可基本满足绘图要求，并提供了很多常用的三维造型特征。但由于具体应用领域和应用对象不同，故通用件和设计标准也不一样。为此，UG 为用户提供自定义特征和二次开发工具，方便用户建立自己的特征库和功能系统。

④ UG 软件中图形和数据是统一的，即图形改变后数据自动更新，又可以通过数据来驱动图形。这一性能在装配建模中表现得更为充分，装配过程中设计上的改变不仅可以从一个部件传到另一个部件，而且也可以从一个局部装配传到另一个局部装配。

⑤ UG 软件中包含丰富的 CAM 加工方法和良好的刀具轨迹规划。UG 不但在其 CAM 模块中包括了铣、钻、车和电加工等常用数控加工程序的编制方法，而且在每一大类下都包括了针对不同特点零件的加工方法。其刀具轨迹的模拟与仿真也很实用，用户可以很方便地检验程序的正确性。

综上所述，利用 UG 的参数化建模和功能强大的 CAM 模块，用户可以高效率地完成产品的设计与制造，真正实现 CAD/CAM 一体化。

针对模具行业的特点,UG 增加了 Mold Wizard(注塑模)和 Progressive Die Wizard(级进模)的专用设计模块,具备良好的实用性和推广性。

3.6.1 Mold Wizard 模块概述

UniGraphics(简称 UG)是由美国 EDS 公司推出的一个功能强大的应用软件,是当前世界上最先进和紧密集成的、面向制造行业的交互 CAD/CAM/CAE 高端软件。UG 是一个全三维双精度系统,该系统的 CAD 模块提供了一个三维设计环境,允许设计师精确地描述几乎任何几何形状,通过各种形状的组合,可对产品进行设计、分析和建立工程图等。通过三维实体建模和装配建模的功能,可生成直观可视的数字虚拟产品,并能够对其进行运动分析、干涉检查、制造应用和仿真运动载荷分析等操作。

UG 的功能被分成许多具有特定功能的应用程序模块,而 Mold Wizard 模块就是其中的一个外挂模块,它可以完成整套注塑模具的三维设计,整合了模具专家的经验,有效地帮助用户完成型腔和型芯的建立,模架的选用,浇口、冷却系统、滑块、顶出装置和嵌件的设计等,然后再通过 UG 软件的 CAD/CAM 集成性,将型腔和型芯的数字信号直接提供给 CAM 模块,即可完成零件的数控加工程序的编制。

使用 Mold Wizard 模块进行注塑模具设计的流程如图 3.15 所示,该流程图左边的前三步是创建和判断一个三维实体模型是否适合于模具设计,左边的第四步是使用某个模型作为设计依据实施模具设计。流程图的左边几个步骤是模具设计者在使用 Mold Wizard 之前最先要考虑的准备阶段。

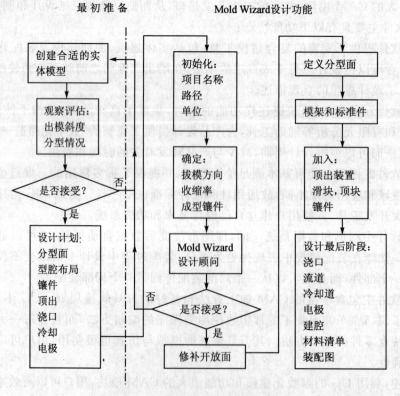

图 3.15 Mold Wizard 流程图

Mold Wizard 模块中的各项功能,主要依靠图 3.16 所示工具栏中的命令来实现。从工具栏中的图标排列可以看出,从左至右有序排列,紧扣模具设计各个环节。

图 3.16 Mold Wizard 模块"注塑模向导"工具栏

3.6.2 Mold Wizard 模块应用实例

1. 加载产品和项目初始化

图 3.16 所示为 Mold Wizard 模块"注塑模向导"工具栏,下面以图 3.17 所示汽车活塞托架塑料模具设计为例,逐步了解 Mold Wizard 功能及其接口。

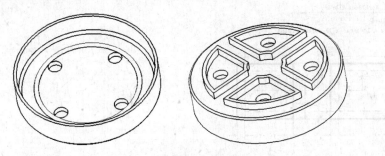

图 3.17 汽车活塞托架模型

单击工具栏中的"项目初始化"命令,调入汽车活塞托架模型文件。使用者可先设定公制或英制单位,再设定项目的名称及路径,以后所设计的零件皆会储存到这个目录当中。

在本例中,采用公制单位,项目路径为系统的默认设置,项目名称为"juli",最后单击"确认"命令。

2. 定义模具坐标系

定义模具坐标系(Mold CSYS)在模具设计中非常重要。Mold Wizard 规定坐标系位于模架的动定模的分模面上;坐标的主平面或 XC－YC 平面定义在动模、定模的分模面上;ZC 轴的正方向为顶出方向。

UG 采用工作坐标系统 WCS(Work Coordinate System),使用者可以通过菜单栏中的"工作坐标系"菜单中的命令,在绘图区中,任意移动、旋转其工作坐标。在定义适用于该模具的坐标之后,再选择模具坐标来定义模具坐标系。

在 Mold Wizard 模块"注塑模向导"工具栏中单击"模具坐标"(Mold CSYS)图标 ,弹出一个对话框,在本例题中,采用系统的默认设置,直接单击"确定"按钮即可。

3. 设定收缩率

从模具中取出塑件,其温度高于常温,需经过长时间的冷却到达常温状态。因此产品的尺寸会产生收缩。收缩率的大小会因塑料的性质或者填充料或加强材料等配合而改变。设定产品的缩水率,可设定为等比例收缩、轴对称收缩及三向不等比例收缩3种方式。并且在任何时候都可以选择"注塑模向导"中的"收缩率"图标编辑收缩率,计算收缩比例时要按照材料供应商所提供的收缩比例,并结合使用者的模具设计经验来确定。

在本例中,汽车活塞托架所使用的材质是 PS,材料的收缩率在 0.5%～0.6%之间,并且等比例放大,故选择均等收缩率,设定收缩率为 1.005 之后模型的颜色会发生改变。

4. 设定工作块

UG 系统自动测量产品的尺寸,并给出工作块的长宽高,建立一个适当大小的工作块,设计者可以自己定义工作块的大小。要注意的是修改 Z_down 与 Z_up 的值时会影响到标准模架中型芯板和型腔板的厚度。

在本例中,使用系统的内定参数(如图 3.18 所示),构成一个标准的工作块,嵌入的位置会在汽车活塞托架模型的模具坐标系,如果用户没有设定模具坐标,系统将会自动加载到模型的中心位置。操作后得到图 3.19 所示的工作块。

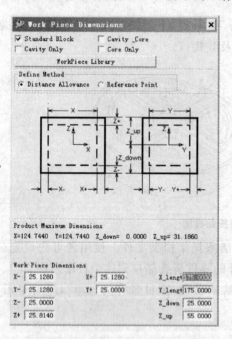

图 3.18 设定工作块图

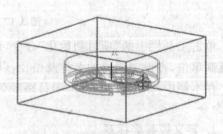

图 3.19 工作块在模型中的显示

5. 配置型腔的布局

型腔布局就是要确定型腔的数量及其排列的方式,用户可以增加、移除或重新放置工作块到模具的结构中。

UG 系统内有矩形、圆形两种配置方式。当为单一型腔时,则不需要设置该命令,系统自动将型腔定位在工件的中央。如果为多模腔时,需要应用平衡功能,使模腔平衡配置。在本例题中采用的是一模单腔。

6. 建立分型面、生成型芯型腔

UG 提供手动和自动分模的功能,从分模线搜寻,构建分型面到最后生成型腔,都可以实现建立分型面生成型芯型腔的功能。

为了使塑件能从模具中取出,模具必须分模,使模具分成固定侧或可动侧两个部分,分模的接口称为分型面。材料在注塑压力的作用下,迫使成型空间的空气从分模面溢出,使产品产生残留痕迹,这一明显的痕迹边称为分模线。分模线有排气及分模的功能,分模线有可能不是一条直线。

Mold Wizard 功能中,可以选择自动分模步骤,对于复杂曲面则需要用户自行定义,或使用"注塑模向导"工具栏中的"模具工具"(Mold Tools)来构建复杂的分模线。

在本例中,首先应该使用"模具工具"(Mold Tools)中的"曲面修补"(surface patch)命令将汽车活塞托架表面的孔进行修补,然后使用分型功能,单击"分型"命令,系统将会弹出"分型线"对话框,再单击"自动搜索分型线"按钮,系统自动寻找分型线,然后在分型线上添加转换点和编辑转换对象,设置完成后单击"确定"按钮。系统弹出"创建分型面"对话框,单击"创建分型面"按钮进行分型面的创建,如果分型面由多个曲面组成,则需要应用"缝合表面"命令将多个分模面缝补起来,得到的分型面如图 3.20 所示,单击"确定"命令,出现了"提取区域"对话框,分别显示了部件上面的总面数和型芯、型腔上的面数。型芯面和型腔面的数量之和应等于总面数。如果总面数小于型芯和型腔区域面

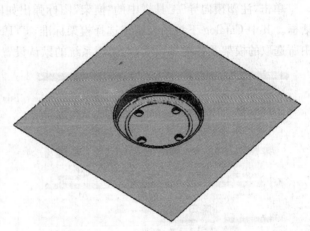

图 3.20 创建的分型面结果

数之和,则可能有未修补孔。如果总面数大于型芯和型腔区域面数之和,则可能创建了一个内部空心的体或可能创建了内部重叠的修补面。

在本例题中型腔面和型芯面数量之和等于总面数,故可以单击"确定"命令,进入"建立模具型芯型腔"对话框,单击"创建型芯"按钮将自动建立一个型芯模具,如图 3.21 所示,之后再建立型腔模具如图 3.22 所示。

图 3.21 型芯

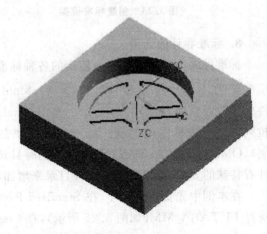

图 3.22 型腔

通过实例介绍了 Mold Wizard 的基本功能,这些基本功能可以完成模具设计的雏形。对于模具设计者而言,确定分型面,合理地进行分模是模具设计过程中的重中之重。

7. 标准模架的选用

模架的功能是使模具设计者直接在 UG 的数据库中选择或者修改不同形式,功能和尺寸的标准模架座,系统提供的模架有公、英制的 DME、FUTABA 和 HASCO 等。在使用中,用户决定模架的品牌,接着再选择不同的形式、功能和尺寸的大小以及旋转方向,然后系统会自动构建整个 3D 实体的模架。用户在单击"注塑模向导"工具栏标准的"模架"图标后,系统会根据用户设计的工件尺寸推荐相应的模架型号,用户可以直接选用或另外查找。

单击"注塑模向导"工具栏中的"模架"图标弹出如图 3.23 所示的 Mold Base Management 对话框。其中 Catalog 下拉列表用于选择模架标准,TYPE 下拉列表用于选择模架类型。在本例题中所选取的模架及各项参数值,均采用系统的默认设置。最终得到的模架图如图 3.24 所示。

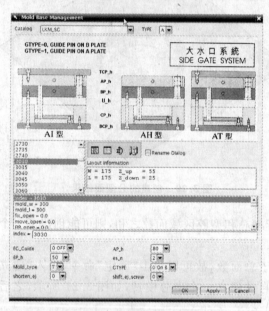

图 3.23 创建标准模架

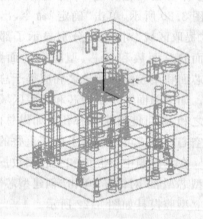

图 3.24 调入标准模架后的模具

8. 标准零件的选用

标准件功能提供了模具业使用的各种标准件,用户可以根据自己的需要选用。单击"注塑模向导"工具栏中的"标准件"图标后,Mold Wizard 启动 Standard Part Management("标准件管理")对话框,如图 3.25 所示。其中 Catalog 下拉列表用于选择所用标准,Classfication 下拉列表用于选择零件类型。标准件库提供的标准件目录有:HASCO、DME、FUTABA(公制)、OMNI(英制)和 YATES(英制),同时目录表中提供了各种电极和嵌件。如果用户对标准件有特殊的要求,可以参考标准件目录来增加和修改标准件。

在本例中先安装定位环,在 Standard Part Management 对话框下的 Catalog 下拉列表中选择 FUTABA_MM(如图 3.25 所示),在 Classfication 下拉列表中选择零件类型为 Locating Ring Interchangeable(定位环),系统将自动加载零件,零件的插入点可以通过单击 Standard Part Management 对话框中的"重定位"图标进行变更。再加入注道衬套,在对话框下的

Catalog 下拉列表中选择 FUTABA_MM,在 Classfication 下拉列表中选择零件类型为 Spring Bushings("注道衬套"),衬套长度可以选择较长,在后续的步骤中再切除。此时系统会预设将注道衬套定位于模板上,须改变 Z 轴高度将其与定位环结合在一起,如图 3.26 所示。

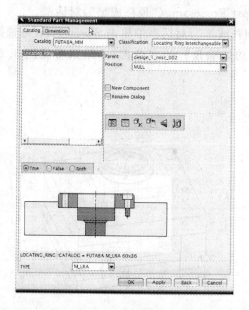

图 3.25　安装定位环　　　　　　　图 3.26　加入注道衬套

设置顶杆,在 Standard Part Management 对话框中的 catalog 下拉列表中选择 FUTABA_MM,在 Classfication 下拉列表中选择零件类型为 Ejector Pin(顶杆),如图 3.27 所示。设定尺寸参数之后,选定放置位置在汽车活塞托架的四周接近边缘处,系统将自动嵌入顶杆。

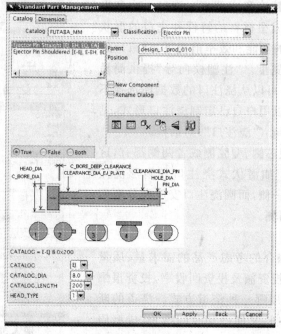

图 3.27　设置顶杆

9. 顶杆的成型

顶杆加入的最初状态,是标准的长度和形状,而顶杆的长度和形状往往需要与产品的形状匹配。顶杆的成型提供了修改顶杆,使之成为与产品形状相匹配的特殊的尺寸。在"注塑模向导"工具栏中单击"顶杆"图标 ，打开 Eject Pin Post Processing("顶杆成型")对话框。

在本例题中,在 Eject Pin Post Processing("顶杆成型")对话框中单击 Sheet Trim 单选按钮,见图 3.28,再选择刚刚建立的顶杆,系统将自动切除顶杆的多余部分,结果参见图 3.29 所示。

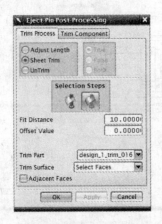

图 3.28 "顶杆成型"对话框

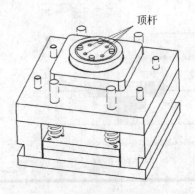

图 3.29 成型后的顶杆

10. 设定浇注口

浇注口是连接分流道和模具型腔的熔料浇入口,浇口的位置、数量、形状和尺寸等是否合宜,直接影响到成型品的外观、尺寸精度和成型率。浇口大小和形状由成型产品的质量,成型材料的特性和浇口的形状来决定,在不影响成品的功能和效率前提下,浇口应经尽量缩减长度,深度和宽度。"注塑模向导"提供简易的工具来设计浇注口。可以从浇注口的数据库选择不同的浇注口形式,也可以用户自己定制浇注口形式,见图 3.30 所示 Gate Design("浇注口")对话框。

浇注口可安置在型芯侧、型腔侧或者两侧都有,这取决于浇注口的类型。如潜伏式浇注口和扇形浇注口,安放在型芯和型腔一侧,而圆浇注口安放在分型面的中心及型芯和型腔两侧。

11. 设定浇道

浇道的设计需要综合的考虑产品的需求量、质量要求、成本、塑料材质、投资额及投资回收率,投资报酬率等要素,然后决定采用哪一种浇道方式。浇道的断面尺寸过大,既浪费材料,又使冷却时间增长,成型周

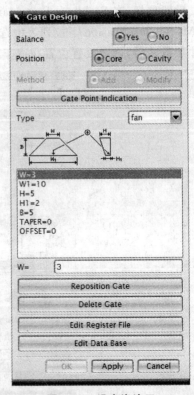

图 3.30 设定浇注口

期也跟着增加。浇道长度应短些,长浇道容易造成压力损失,造成成本上的浪费。浇道的沟槽是用浇道截面沿一条引导线扫描建成。

"注塑模向导"提供了5种标准浇道截面类型:圆形、半圆形、梯形、六边形和抛物线形。浇道的设计有3个步骤,首先定义引导线,其次投影到分型面,最后创建浇道沟槽。图3.31所示为 RUNNER DESIGN("设定浇道")对话框。

12. 建 腔

在所设计的模具中,当加入了所有的标准件及浇注口、浇道和冷却管道等之后,完成模具设计的最后一步便是建腔,图3.32所示便是 Pocket Management(建腔)的对话框。"注塑模向导"将为所加入的每一个标准件建腔。

在最后阶段使用建腔功能主要是有两点原因,首先,建腔时对每一个腔体的工具体作 MAVE 链接,这会因其更新操作变慢;其次,如果标准件到了先前所选的建腔目标体的外面,模架更新将会失败。

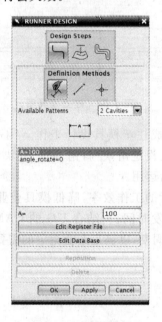

图 3.31 设定浇道

图 3.32 建 腔

13. 创建零件材料清单

零件材料清单也称 BOM 表功能,是与装配信息全相关的部件列表。BOM 表功能可以由用户定制,在表中加入或者删除一些信息。可定制模具装配的模板文件,或在加载了一个模具装配后,用 BOM 表对话框中的 BOM 域编辑功能编辑 BOM 表信息。BOM 表功能事实上是将模具装配树上的所有部件过滤了一遍,所列出的是 Catalog 提供的标准件信息,可用 BOM 档案编辑功能列出编辑档案,图3.33所示为 BOM Record Edit(BOM 表档案编辑)对话框。

14. 建立模具图

模具图功能将自动产生模具装配图,用户可以选择预制的图纸模板。图3.34所示 Create/Edit Mold Drawing 对话框中高亮显示的是基于模具尺寸,系统推荐的模板。

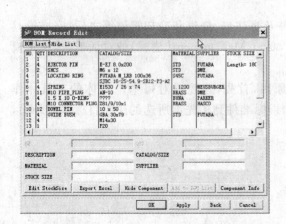
图 3.33 创建零件材料清单

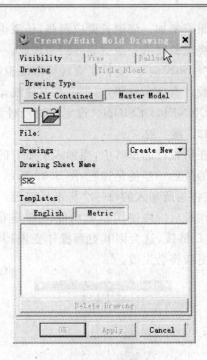
图 3.34 建立模具图

通过上述的介绍，使用者可以迅速且比较完整地完成注塑模具设计工作。UG 的 Mold Wizard 模块除了上述几大功能外，还具有其他几项功能：设定滑块/斜销、制作嵌块和制作电极等。模具设计者可以在工作当中深入学习，并加以灵活运用。

Mold Wizard 简单易学，能够有效的提高模具设计者的工作效率，降低模具企业的成本。利用 UG 的 Mold Wizard 模块，可以缩短以往的模具开发时间，再结合 UG 的 CAM 高速加工，及联合应用零件出图，可以有效缩短模具制造的制造周期，以满足产业竞争的需要。

第4章 级进模 CAD 技术

CAD 技术的出现,使设计人员从繁琐的手工绘图和计算中解脱出来,从而可集中精力从事诸如方案构思和结构优化等创造性的工作。由于模具设计是一项经验性较强的工作,在设计过程中需用到大量的经验知识、经验公式和经验数据,而通用 CAD 系统却无法提供这类设计知识。因此,只有开发出专用的模具 CAD 系统,将与模具设计相关的各种知识融入到系统之中,才能最大限度地提高模具设计水平。

根据冲压成形方法的不同,冲模可分为单工序模、复合模与级进模(也称连续模)。不同类型的冲模其设计内容和设计过程也有所不同,因此,冲模 CAD 系统的开发通常都是针对不同类型的模具分类进行的,以简化系统的开发难度。级进模作为一种高效、精密的模具,已在冲压件的生产过程中获得越来越广泛的应用,级进模 CAD 系统的需求也越来越迫切,目前 CAD 市场上已有不少面向级进模设计的专用 CAD 系统就充分说明了这一点。由于级进模的设计较其他冲模更为复杂,因而开发级进模 CAD 系统的相关技术对其他类型冲模 CAD 系统的开发也具有一定的指导意义。

4.1 级进模 CAD 系统概述

4.1.1 级进模 CAD 系统发展概况

最早的级进模 CAD 系统可追溯到 20 世纪 70 年代美国 DIE-COMP 公司开发的冲裁级进模 CAD 系统 PDDC。由于当时的数据库技术不成熟,该系统主要以数组或数据文件的形式存储冲裁级进模设计方面的经验数据、标准及有关公式,通过利用计算机的高速检索和快速运算能力来提高设计效率,减少设计工作量。

日立公司为减少模具的设计和制造时间,提高产品的竞争力,于 20 世纪 80 年代初期,推出了级进模 CAD/CAM 系统。该系统以模具结构的标准化为基础,将整副模具的设计分为排样区的工作部件设计和非排样区的标准零部件设计两大部分。系统以凹模尺寸为基本变量,将决定模具结构的重要参数如各模板的长度、宽度以及模座的大小作为该基本变量的函数,然后通过这一结构模型自动选定各种标准件尺寸。该系统较好地解决了标准零部件的自动设计问题,但对非标准件的设计仍需要大量的人工干预。

进入 20 世纪 90 年代,由于 CAD 技术的进步,级进模 CAD 系统的技术水平也有了较大的提高。人工智能技术、特征建模技术和参数化设计技术等都在级进模 CAD 系统的开发中获得应用。如美国 Computer Design Inc. 公司开发了商业化级进模 CAD/CAM 系统 Striker System。该系统由钣金零件造型、毛坯展开、毛坯排样、条料排样、模具设计和数控编程等模块组成,支持钣金零件特征造型、毛坯自动展开、交互式条料排样、交互式模具结构设计及自动线切割编程。由于该系统是基于 AutoCAD 上开发的,因此,只适用于简单冲压件的级进模设计。

国内华中科技大学、上海交通大学、西安交通大学和浙江大学等，也分别针对级进模 CAD 系统的开发，开展了相应的研究工作。如华中科技大学于 20 世纪 90 年代中期开发的 HM-CAD 中就采用了当时较为先进的钣金零件特征建模技术、基于特征映射的工艺设计技术和参数化的标准件技术等。但由于其底层 CAD 支撑软件较为薄弱，系统的应用范围受到一定的限制。

进入 21 世纪，美国 UGS 公司与华中科技大学合作开发出级进模 CAD 系统 UG/Progressive Die Wizard(UG/PDW)。美国 PTC 公司在其 Pro/E 软件上推出了第三方开发的级进模设计软件 PDX。香港生产力促进中心在 SolidWorks 上开发出级进模 CAD 系统 3DQuickPress。由于这类系统都是基于高水平的商用三维 CAD 软件上开发的，系统功能强大，实用性强，可用于设计各类级进模，从而使级进模的设计水平得到极大的提高。

4.1.2 级进模 CAD 系统的组成结构

级进模 CAD 系统由应用系统、信息系统、辅助系统和图形系统 4 大部分组成。

1. 应用系统

应用系统是级进模 CAD 系统的主体部分，其他系统都是围绕着它运行并为其服务的。应用系统由产品定义、工艺设计、模具设计、工程图纸生成和 NC 编程等几个子系统组成。

2. 信息系统

信息系统由数据库系统与文件系统组成，主要完成两种工作。一是存储应用系统中各子系统生成的设计结果和中间信息（包括产品信息、工艺信息、模具零部件及结构信息和 NC 信息等），并充当这些子系统之间联系的桥梁，这样使得各子系统之间保持尽可能大的相对独立性，避免各子系统、各程序模块之间的相互干扰，提高整个系统的容错性。数据库系统的另一项任务是存储应用系统所需的各种设计数据、标准化的模具结构和零件信息。

3. 辅助系统

辅助系统主要由产品图形库、标准模具图形库、模具建库工具和参数化设计工具组成。模具 CAD 系统要借助于产品的几何模型所包含的信息来进行工艺设计和模具结构设计。利用 CAD 系统进行模具设计的第一步就是输入产品图进行产品设计，这一步需要大量的人工参与。故将已建立的产品模型存储起来，以便于需要局部修改产品图时节省时间。

为提高模具设计的速度，在模具 CAD 系统中必须建立模具标准结构与标准零件图形库。这些标准件图形库是由图形文件和标准件数据库组成，在进行模具设计时是根据相应指令从数据库中调出所需的标准值，将这些标准值传递给图形文件，驱动文件中的图形，得到所需的形状。

4. 图形系统

一般的级进模 CAD 系统不具备造型功能。现有的级进模 CAD 软件使用的图形系统可以分为两类：一类是基于通用的造型系统，如 AutoCAD、UG、Pro/E、CATIA 和 SolidWorks 等。这些图形本身提供强大的造型功能，又有很好的开放性，级进模 CAD 系统可以很好地利用这些系统的强大功能。另一类是几何图形运算引擎，如 Parasolid、Acis 等，这种级进模 CAD 系统需要本身提供一定的造型功能。

4.1.3 级进模 CAD 系统的发展趋势

随着 CAD 理论与方法的不断完善，级进模 CAD 系统的功能将不断丰富，水平也将得到不断地提高。针对级进模的设计特点，今后，级进模 CAD 技术将主要朝以下几个方面发展。

1. 将基于知识的自动设计技术和交互设计技术有机地结合起来

现有的级进模 CAD 系统虽然已融入了大量的级进模设计知识，但主要是一些计算公式、经验数据和标准件，方案和结构的优化设计仍需设计人员交互地完成。为了近一步提高级进模的设计效率，今后应采用 KBE（知识工程）技术辅助设计人员完成方案和结构的优化设计，提高设计的自动化程度。

2. 采用 3D 关联设计技术

级进模的功能是由上百个零件相互作用共同完成的。为了有效地表达和维护设计者的设计意图，需要在装配层次上描述各组成零件的装配关系和约束，并建立相应的约束更新机制，以保证所需信息在任何层次上都可被准确地提取出来，并在某一零件或部件被修改时，可触发相关零件自动产生相应的更新，以保持设计结果的一致性，提高设计质量。

3. 实现协同设计

由于级进模的设计内容和设计过程较复杂，通常需要较长的设计时间。随着网络技术的发展，使多人协作共同采用 CAD 系统完成级进模的设计成为可能。采用协同设计技术，可充分发挥各类设计人员的作用，并行地进行级进模相关内容的设计，从而在较短的时间内完成设计工作。

4. 仿真技术的应用

为优化冲压工艺和模具结构的设计，提高模具设计的可靠性和质量，应对模具工作过程中其组成零件的运动情况及板料的变形过程（如弯曲、拉伸、翻孔、翻边或局部成形等）进行仿真分析，预测模具结构上可能存在的问题和板料成形时可能出现的缺陷，以确定出优化的模具结构和合适的工艺参数，从而减少试模次数，提高模具的设计制造质量。

4.2 级进模 CAD 系统的结构与功能

4.2.1 级进模 CAD 系统的总体结构

下面以 UG/PDW 软件为例说明级进模 CAD 系统的总体结构。如图 4.1 所示，系统提供了与级进模设计过程相关的毛坯展开、毛坯排样、废料设计、条料排样、模具结构与零件设计、设计过程管理、标准件与典型结构库管理以及工程图纸生成等功能模块。

4.2.2 级进模 CAD 系统的功能模块

级进模 CAD 系统有以下 8 个主要功能模块。

1. 设计管理模块

该模块的功能主要是通过项目的方式，建立一个新的级进模设计任务或装载已有的设计任务，并以项目的方式统一管理设计结果。

2. 毛坯展开模块

在设计级进模时，首先必须确定钣金零件的毛坯形状。该模块的功能就是根据钣金零件的模型，展开钣金零件上弯曲和成形部分的形状，创建相应的毛坯模型。

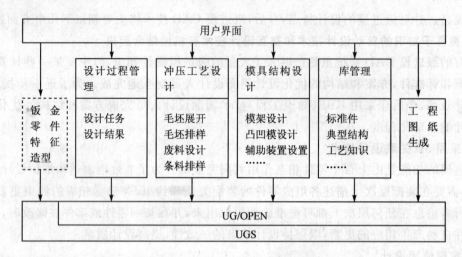

图 4.1 级进模 CAD 系统的总体结构

3. 毛坯排样模块

毛坯排样要确定毛坯的排样形式（如单排或双排等）、毛坯的方位、排样步距及搭边等，并最终自动计算材料利用率。

4. 废料设计模块

废料设计就是在毛坯排样的基础上，将毛坯间需切除的废料分割成一组简单的轮廓形状。另外，根据废料设计的需要，还应提供废料搭接处理的功能。

5. 条料排样模块

该模块的功能就是确定钣金零件上弯曲、翻边和拉深等成形工序，并将其布置在相应的工位上，同时还可将分割的废料安排在不同的工位上切除。由于条料排样需要考虑多种复杂因素，难以实现自动设计，故通常该模块采用交互设计方式，由设计人员确定需成形的部件及其成形工序和成形工位，然后由系统自动在相应的工位上生成工序形状，从而既保证设计的灵活性，又简化设计的工作量。另外，为了便于审核条料排样结果的合理性，该模块还应提供条料的仿真结果。

6. 模具结构及零件设计模块

该模块可进一步分为模架设计、凸凹模工作组件设计和辅助装置设计等模块。模架是标准的典型结构，可从典型结构中选择。而凸凹模工作组件的设计方法因工序类型的不同而不同，因此，设计功能也相应分类。至于辅助装置通常也都是一些标准结构，通常也采用从典型结构库中选用的方式进行设计。

7. 标准件及典型结构库管理

在级进模设计过程中，通常需选用大量的标准件和典型结构。所谓典型结构是由一组标准件和常用件组成的具有一定功能作用的装配体。为便于设计，应将标准件和典型结构有效地管理起来，包括设计引用、增加库中的标准件或典型结构及删除库中的标准件和典型结构等功能。

8. 工程图纸的管理

该模块的功能就是将三维设计模型转换为二维图纸模型，包括总装图和零件图等，并在图纸模型上添加相关技术要求和图表等。

4.2.3 级进模 CAD 系统的数据流

根据级进模 CAD 系统的功能模型及系统模块设计结果,可建立图 4.2 所示的级进模 CAD 系统的数据流图。可以看出,钣金零件模型首先由设计管理模块输入系统,然后经毛坯展开模块的处理生成毛坯模型;在毛坯模型基础上,毛坯排样模块可建立毛坯排样模型;毛坯排样模型输入到废料分割模块后,可产生废料轮廓模型;在钣金零件模型、毛坯排样模型、废料轮廓模型的基础上,条料排样模块则首先由工艺预定义子模块建立工艺特征,然后经工位布置子模块将工艺特征布置到相应工位上,建立条料排样模型;在条料排样模型以及标准件和典型结构库的基础上,模具结构及零件设计模块可建立模具结构和零件模型;工程图纸模块通过对模具结构及零件模型的处理,可生成相应的模具总装图和零件图。

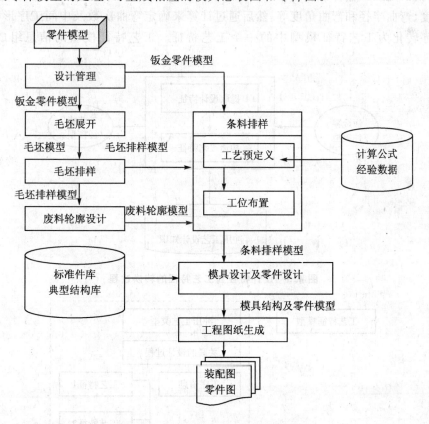

图 4.2 级进模 CAD 系统的数据流图

4.2.4 级进模 CAD 系统的相关技术

1. 毛坯排样的实现方法

毛坯排样模型可简单地利用装配模型来实现,模型中的毛坯类型及相关参数可通过特性描述的方式存储在装配模型的每个节点上。

2. 条料排样的实现方法

条料排样过程实际上就是根据冲压加工特点,将钣金零件分解成一组相应的形状,并针对每一部分的形状确定其加工方法、加工参数及加工后的形状,即建立工艺特征模型。然后按照毛坯排样确定的毛坯布置方法、步距和条料尺寸，将上述形状安排在相应的工位上，建立条料排样模型。

(1) 工艺特征模型

所谓工艺特征是指各种冲压加工工艺，如弯曲成形、拉深成形、冲孔、切边和切口等。每一种工艺特征除了要描述其相应的加工信息外，还应描述其所加工出的形状信息。由于冲压加工的特性，从钣金零件上分解出来的形状，有些可直接转换成工艺特征，如局部成形和圆孔等可一次成形的形状；有些则不能直接转换成相应的工艺特征，比如需多次拉深成形或多次弯曲成形的形状。

为便于条料排样的实现，应首先将钣金零件上分解出来的各部分形状（称为设计特征）转换成工艺特征，建立工艺特征模型。如图 4.3 所示。提取设计特征就是获得相关的形状参数，如板料厚度、弯曲半径和弯曲角度等，然后通过计算来确定弯曲次数及中间工序形状等，最后将每一工序转化为工艺特征模型中的一个工艺特征。工艺特征模型的信息组成如图 4.4 所示。

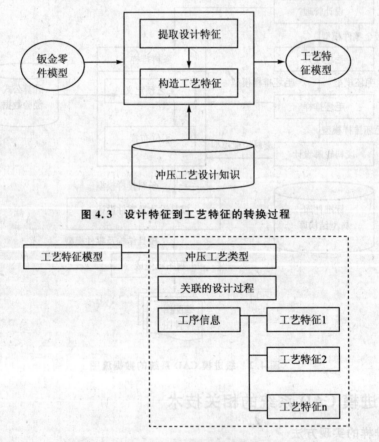

图 4.3　设计特征到工艺特征的转换过程

图 4.4　工艺特征模型的信息组成

(2) 条料排样模型

建立了工艺特征模型后，即可赋予工艺特征模型中每一工艺特征相应的工位信息，并按照毛坯排样所确定的方位、步距和料宽等参数，将工艺特征对应的形状变换到条料上即可获得条料排样模型，如图 4.5 所示。而且通过改变模型中各工艺特征的工位，然后由系统自动在相应工位上生成相应的形状即可获得不同的条料排样方案。

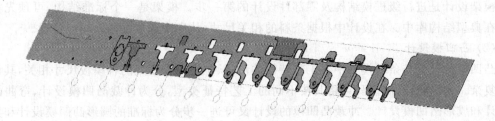

图 4.5　条料排样模型

3. 标准件及典型结构管理的实现方法

表达标准件和典型结构的信息可分为形状描述和数据描述两部分。标准件及典型结构库管理子系统的主要作用就是管理这些信息,并按需要将标准件或典型结构插入到级进模的设计模型之中。

(1) 形状描述方法

形状描述必须适合尺寸驱动的参数化特征模型,以便根据对应的一组尺寸系列获得一系列化的标准件或典型结构。

(2) 数据描述方法

数据描述部分主要描述标准件或典型结构的分类属性、系列尺寸值及其他非几何特性参数,实际上就是一表格文件。如在 UG/PDW 中采用 Excel 表文件来管理数据描述,并通过一组关键字分类说明表格文件各域内数值的含义。

4. 级进模结构及零部件设计的实现方法

从级进模的结构型式上看,除模板外,它的组成零件分布在两个不同的区域——工作区和非工作区,如图 4.6 所示。工作区部分的零部件主要包括凸模、凹模镶拼块、侧刃和定位销等,它们都与具体冲压成形工艺相关;而在非工作区则主要是一些标准件,如导柱、导套、固定螺钉和销钉等。

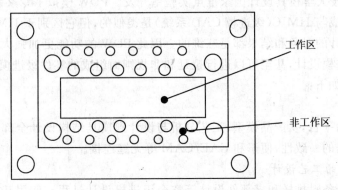

图 4.6　级进模组成零件的分布特点

在进行级进模结构及零部件设计时,应首先根据条料排样图确定级进模的模架类型及大小,然后在此基础上,详细设计模具的其他组成零件。这一设计过程实际上就是将"自底向上"和"自顶向下"设计方法混合在一起的设计过程。

因此,级进模结构及零部件的设计可分为以下 4 种。

(1) 模架设计

模架设计是进行级进模结构及零部件设计的第一步。模架是一个标准结构,可预先将其存储在典型结构库中。在设计中根据条料的相关尺寸,从库中选取并插入相应位置。

(2) 凸凹模设计

凸凹模的设计与条料模型中各工艺特征的形状、位置以及模架的各模板尺寸相关,其设计相对复杂。为简化设计过程,可将其按不同的工艺特征类型,分为冲裁凸凹模设计、弯曲凸凹模设计和成形凸凹模设计。冲裁凸凹模的设计又可进一步分为标准的圆形凸凹模设计和异形凸凹模设计;弯曲凸凹模设计又可进一步分为 V 形弯凸凹模设计、Z 形弯凸凹模设计和直弯凸凹模设计等;而成形凸凹模设计又可进一步分为翻边凸凹模设计、压印凸凹模设计和浅拉深凸凹模设计等。对这些分类出来的凸凹模,可预定义工作组件在典型结构库中。当工作组件满足相关工艺特征时,则可实例化该组件,并插入对应位置,然后通过局部修改,获得满意结果。

(3) 辅助装置设计

在级进模中,存在大量辅助装置,如顶料装置、检测装置、导正装置和小导柱导套等,这些辅助装置通常都是标准化的,因此,它们的设计亦可采用预先将这些辅助装置存储在典型结构库中的方式来进行。在具体设计时,只需根据相关尺寸从典型结构库中选择一合适的结构,经实例化处理后,插入到级进模设计模型中即可。

(4) 标准件设计

从标准件库中选择标准件,并根据所需的尺寸对其进行实例化处理后,插入到设计模型中即可。

4.3 UG/PDW 的应用介绍及实例

UG/Progressive Die Wizard(PDW)是一个基于 UG 的三维级进模 CAD 系统,由 UGS PLM 委托华中科技大学模具设计国家重点实验室开发。PDW 模拟了专家系统的级进模设计流程,其功能和组成与 HMJC(级进模 CAD 系统)是类似的,但它区别于 HMJC 最大的一点是使用三维设计,设计的对象和结果都是三维的。因此 PDW 的功能更加强大,不仅可以进行普通钣金零件的级进模设计,甚至可以进行拉延和非规则面组成的零件级进模设计。具体来说,PDW 的主要功能如下:

(1) 三维设计

系统以 UG 为平台,从产品模型、工艺分析与设计到模具结构设计全部采用三维造型,有利于维护系统数据的一致性,便于和 CAE/CAM 等无缝连接。

(2) 基于特征的工艺设计

工艺特性用于条料排样和零部件设计等整个级进模设计过程。使用基于特征的方法,可以实现工艺定义的自动化,实现关联设计。在设计过程中,特征与对应的模具结构零件是相关联的,当特征移动或删除时,其对应的零件也将被移动删除。

(3) 基于约束的模具结构设计

借助于 UG 强大的装配功能,进行模具结构设计。所有的结构零件使用装配约束来装配和定位,模具的镶件以组件库的形式提供。

(4) 零件冲压过程的仿真

PDW 提供了条料的成形仿真,在条料排样结束后,可以进行成形过程仿真,检查条料是否在中间被切断,工步的顺序是否正常等,以帮助用户判断条料排样是否正确。

(5) 开放的标准库及镶件库

PDW 提供了标准模架、标准件及镶件库,可以进行选择、修改和定制等工作。常见的 Misumi(日本)、Strack(德国)、Danly(美国)等标准件都已经存在库中,供用户选择。

(6) 强大的辅助功能

除了上述功能外,系统还提供了明细表的生成、开孔、二维图生成和显示管理等辅助功能,使系统使用更加方便。PDW 还提供了一个钣金零件的识别模块,方便用户使用系统设计的零件。

1. PDW 功能及应用简介

PDW 的所有功能模块都集中在一个工具栏中,如图 4.7 所示。

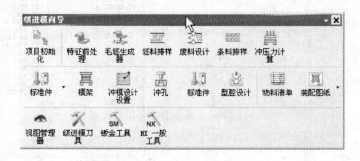

图 4.7 UG/PDW"级进模向导"工具栏

下面以图 4.8 所示零件为例,简要介绍 PDW NX4.0 的重要功能及设计步骤。

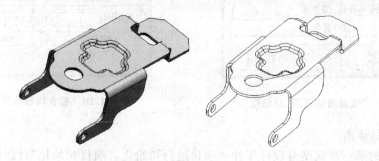

图 4.8 钣金零件图

(1) 钣金特征识别及展开

零件展开是工艺设计的起点,PDW 提供了两种展开方式:第一种方式是直接利用 UG 的钣金零件特征识别或直接展开功能,生成毛坯的实体;第二种方式是利用 UG 本身的有限元模块或者其他商业软件,求得零件的毛坯形状,然后把它引入到 PDW 中来,这样就可以实现自由曲面形状零件的级进模设计,大大加强了系统的功能。

本实例通过 UG 的特征识别功能实现预处理。

① 打开零件后单击图 4.7 所示的"钣金工具"图标 ,在弹出的工具栏中选择"特征识

别"图标 ![icon]。

② 在弹出的"钣金特征识别"对话框中单击"部件管理"按钮,连续单击"确定",系统对话框如图 4.9 所示。然后弹出"钣金特征识别"对话框。

③ 选择视图区零件上的任意一个面,然后单击"钣金特征识别"对话框中"特征识别"选项卡里的"自动识别"按钮,则零件上所有特征都被自动识别并添加到列表中。

④ 选择"钣金特征识别"对话框中的"特征构建器"标签,单击"构建全部"按钮,得到如图 4.10 所示结果。

⑤ 单击菜单"文件"|"关闭"|"全部保存并关闭",系统自动生成***_SMD.prt 的已识别特征并可自动展开的文件。

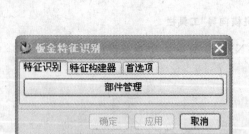

图 4.9 "钣金特征识别"对话框

图 4.10 钣金特征构建结果

(2) 项目初始化

系统设计的第一步就是对设计零件和项目进行初始化,"项目初始化"对话框如图 4.11 所示,用户单击 Insert Part("插入部件")按钮可以插入一个或多个零件,系统会自动计算出零件的厚度。用户还可以指定项目的存放路径和材料。

初始化完成后,PDW 生成一个项目装配结构,作为后续设计的模板,如图 4.12 所示。

(3) 毛坯排样

毛坯排样用于设计零件毛坯的排布位置,设置排样的宽度,级进的步距等参数。PDW 提供的毛坯排样功能,可以实现单排、多排及多个零件的排样等。

① 单击"级进模向导"工具栏中的"毛坯生成器"图标 ![icon] 打开"毛坯生成器"对话框(如图 4.13 所示),创建一个毛坯,结果如图 4.14 所示。

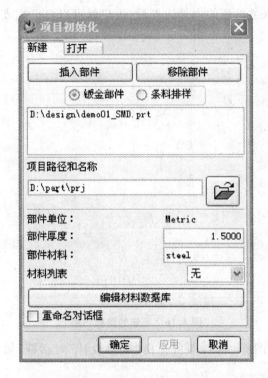

图 4.11 "项目初始化"对话框

图 4.12 项目装配模板

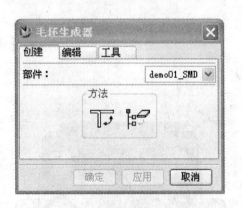

图 4.13 "毛坯生成器"对话框

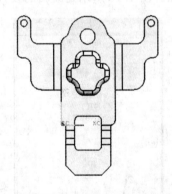

图 4.14 毛坯生成结果

② 然后进行毛坯排样操作。系统实现的功能有:插入毛坯零件、平移、旋转、复制、设置条料宽度、步距、计算材料利用率、最小距离等。

③ 单击"级进模向导"工具栏中的"坯料排样"图标 ，打开"坯料排样"对话框,在该对话框中单击"插入毛坯"图标,然后输入相关参数即可。设计界面如图 4.15 所示。最后得到毛坯的排样结果如图 4.16 所示。

(4) 废料设计

零件上的孔,需要冲出孔废料,另外零件的外形废料,也需要一一去除。PDW 提供了废料设计的工具,它以毛坯排样的结果作为设计对象,可以自动提取零件的内孔边界和外边界,这样就能大大节省用户定义废料的时间。在提取了毛坯的内外边界后,用户就可以自己生成一些直线和曲线,与毛坯的边界组合形成废料。

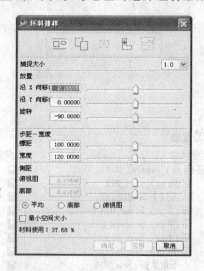

图4.15 毛坯排样参数设定图

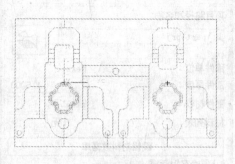

图4.16 毛坯的排样结果

单击"级进模向导"工具栏中的"废料设计"图标 ,即可弹出"废料设计"对话框,如图4.17所示。

"废料设计"对话框可以设计内外废料,搭接和过、修孔等,还可以对废料进行分割和合并,甚至删除。图4.18所示是废料的设计结果。

图4.17 "废料设计"对话框

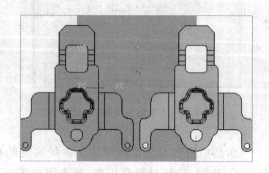

图4.18 废料设计结果

(5) 条料排样

条料排样结果是模具结构设计的基础,是级进模工艺设计中最重要的一步,它让用户把冲压工艺特性和设计的废料放到需要的工位上去,条料排样完成后,用户可以使用冲压成型模拟功能,检测条料排样的结果是否合理。

单击"级进模向导"工具栏中的"条料排样"图标 ,弹出"条料排样"对话框,设置"总工位"为10,单击"应用"按钮,单击"工艺"标签,在"工艺特征"窗口中设置冲压工序,结果如图 4.19 所示。

图 4.19 "条料排样"对话框

条料排样的主要功能有 3 个。

① 初始化 初始化工作包括 2 项。

a. 指定排样方向。按照用户的习惯,有两种排样的方向,一种是从左到右,另一种是从右到左,系统默认的是前一种。

b. 指定工位的个数。用户可以根据零件的复杂程度,大体上估计一个工位的个数,然后在"所有工位"选择一个数值。

② 条料排样 主要工作包括如下 3 项。

• 工艺排样。在"工艺排样"对话框中有两个列表,上面的列表中是所有待排样的特征名及其工位。下面的列表是已排样的特征。可进行的操作有:

a. 为选择的工艺指定一个工位。在待排样工步列表中选择一个或几个工步,在"工位"列表中选择一个工位数。

b. 工艺排样。在待排样工步列表中选择一个或几个工步,进行排样。

c. 删除工艺排样。

• 工艺移动。首先选择需要移动的工步,然后单击 Move Process 按钮进行移动。

• 插入空工位。单击"插入空闲工位"按钮,选择一个工位,单击"确定"或"应用"按钮后,一个新的工位插入所选工位的后面,后面的工步特征相应的都后移一个工位。

③ 条料成形仿真 仿真模块中可以进行的操作有:

• 开始仿真。单击"条料排样"对话框中的"仿真"标签,单击"开始仿真"按钮,进行仿真。条料排样及仿真结果如图 4.20 所示。

• 清除仿真结果。单击"清除仿真"按钮,清除以前的仿真结果。

(6) 模架设计

PDW 中提供了从 5 板到 12 板,从一个子模到多个子模的模架库。系统会自动算出条料

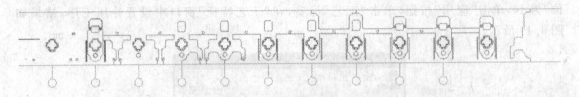

图 4.20 仿真结果

的长度和高度,作为选取模架尺寸的参考。但是有时不是所有的工位上都有工艺特征,用户可以自己选取一个合适的区域,作为选取模架的参考。

本例中可按图 4.21 所示选择标准模架并设置参数。模架设计结果如图 4.22 所示。

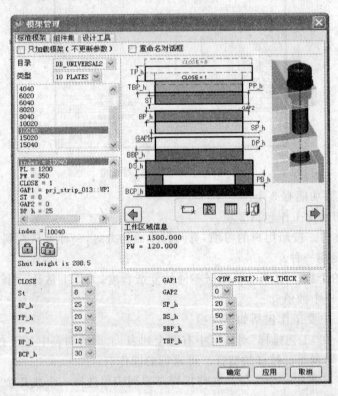

图 4.21 "模架管理"对话框

(7) 镶件的设计

级进模生产中,由于冲裁和成形等工作部分容易损坏,所以常做成镶块形式,便于更换,降低成本。镶件设计是级进模设计中工作最大的一部分。PDW 提供了级进模中常见工艺的镶件库,包括冲裁、各种弯曲、翻孔、局部成形、打扁等,用户也可以自己设计镶件,并使用 UG 的装配功能把它插入到工程中。

每一类工艺镶件有一个对话框,下面以冲裁镶件为例介绍镶件的设计方法,如图 4.23 所示。冲裁镶件是最常见的一种,可通过单击"级进模向导"工具栏上"冲孔"图标,进入 Piercing Insert Design 对话框,冲裁镶件的设计共有 5 步。

① 选择待设计的废料(包括孔废料和边界废料等)。一次可以选择一块废料,也可以选择多块相邻的废料。

第 4 章 级进模 CAD 技术

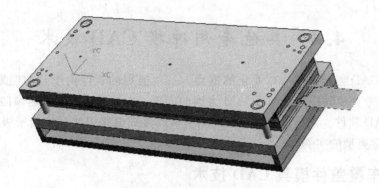

图 4.22 模架设计结果

② 单击第二个图标 ▣，调入"凹模镶件毛坯"对话框。系统会自动计算出用户所选废料的长度和宽度，显示在 UG 的提示框内，供选凹模镶件时参考。选择一个凹模镶件，并正确的设置其尺寸后，单击"确定"按钮，调入镶件。

③ 单击第三个图标 ▣，完成落料孔的设计。落料孔的设计界面直接显示在"镶件设计"界面中。选择了合适的落料孔形式，设置了正确的参数后，单击"镶件设计"对话框的"应用"按钮，生成落料孔对应的实体。如图 4.24 所示。

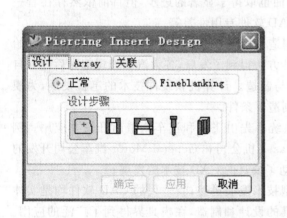

图 4.23 "冲裁镶件设计"对话框

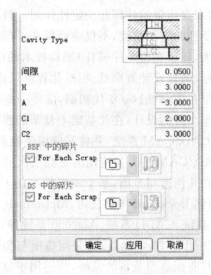

图 4.24 落料孔的设计

④ 冲头的设计。用户可以使用废料的形状直接拉延生成冲头，或者选择标准形状的冲头。要生成拉延的冲头，单击第五个图标 ▣，用户可以输入冲头的名字和拉延的长度，单击 Apply 按钮生成冲头。要选择标准形状的冲头，单击第四个图标 ▮，调出一个列有多种冲头的对话框，从中选择一个冲头，并设置其他尺寸参数后，单击 OK 按钮将标准冲头调入 UG。

用同样的方法，可以完成其他种类的镶件的设计，如折弯凸模/凹模组件、成形凸模/凹模组件和刀具等。

4.4 其他专用冲模 CAD 技术

冲压模具 CAD 将走向更加专业化的道路。一些通用的软件由于其功能繁多,专业性较差,已不能满足专业模具厂在 CAD/CAM 方面的需要。专业模具厂越来越倾向于使用专业性很强的模具 CAD 软件。汽车覆盖件冲压成型模具和集成电路引线框架精密级进冲压模具是这方面两个非常典型的实例。

4.4.1 汽车覆盖件模具 CAD 技术

汽车覆盖件(简称覆盖件)是指构成汽车车身或驾驶室、覆盖发动机和底盘的薄金属板料制成的异形体表面和内部零件。一般汽车覆盖件成形都要一次经历拉延、切边、整形、翻边和冲孔等几道工序,拉延工序中最重要的是工艺补充面的设计。工艺补充面设计的好坏,直接影响到所设计的模具能否拉出合格的零件,能否减少调试模具的时间,缩短整个模具的生产周期。另外,大型汽车覆盖件模具结构一般都比较复杂,一副大型覆盖件模具有上百个零件,模具的外形尺寸也比较大。

汽车覆盖件在汽车整车中占据重要的位置。而覆盖件模具是生产覆盖件的主要的工艺装备,对车身质量的好坏起决定性作用。目前国外汽车覆盖件模具 CAD/CAM 技术的发展已进入实质性的应用阶段,不仅全面提高了模具设计的质量,而且大大缩短了模具生产的周期。近些年来,我国在覆盖件模具 CAD 技术的应用方面也取得了显著的进步,但目前依然存在着一些问题,诸如设计效率低、标准化程度低现有 CAD 软件专用性差等。

早在 20 世纪 60 年代初期,国外一些汽车制造公司就开始了模具 CAD 研究。这一研究始于汽车车身的设计,在此基础上复杂的曲面设计方法得到了发展,各大汽车公司都先后建立自己的 CAD/CAM 系统,并将其应用于模具设计与制造。计算机软硬件技术的迅猛发展,为模具 CAD/CAM 的开发应用向更高层次的拓展创造了条件。

在几何造型方面,基于线框模型的 CAD 系统率先由飞机和汽车制造商开发并应用。例如:美国 Lockhead 飞机公司、McDonnell Douglas 飞机公司和 General Motor 汽车公司开发的 CAD 系统、CADD 系统、AD2000 系统等,均推动了模具的 CAD 技术的发展。

20 世纪 70 年代以来,曲面造型与实体造型技术发展迅速,新一代的 CAD 软件均是实体造型与曲面造型兼备的系统,能适用于复杂模具的设计和制造,在模具界得到了广泛的应用。像美国 Ford 汽车公司的 CAD/CAM 系统中所包含的模具 CAD/CAM 部分,取代了人工的设计与制造,设计方面采用人机交互进行三维图形处理、工艺分析与设计计算等工作,完成二维绘图,生成生产零件图、材料表以及工序、定额和成本等文件。系统还包括一些专业软件,如工艺补充面的设计、弹塑性变形的分析、回弹控制与曲面零件外形的展开等等,部分已用于生产,部分还在研究、完善当中。日本 TOYOTA 汽车公司从 1980 年开始研发汽车覆盖件模具 CAD/CAM 系统,此系统包括处理覆盖件模面的 Die-Face 软件和加工凸凹模的 TINCA 软件等。将由三坐标测量机测量实物模型所获得的数据送入计算机,经处理后再把这些数据用于汽车覆盖件设计,模具设计与制造。该系统的三维图形功能较强,能在屏幕上反复修改曲面形状,使工件在冲压时不至于产生各种工艺缺陷,从而保证工件的质量。

与此同时,欧洲的一些国家在 CAD/CAM 研究和应用方面也取得了很大的进展,例如法国雷诺汽车公司应用 Euclid 软件系统作为 CAD/CAM 的主导软件,目前已有 95% 的设计工作量用该软件完成,而且雷诺汽车公司在 Euclid 主导软件的基础上还开发出了许多适合汽车行业需求的模块,如用于干涉检查的 Megavision 和用于钣金成型分析的 OPTRIS 等。

未来的汽车覆盖件模具 CAD 将走向更专业化的道路。较好的方法是软件公司与专业模具厂密切合作,开发专用性强的模具 CAD 软件。如美国 PTC 软件公司与日本 TOYOTA 汽车公司在 Pro/E 软件基础上开发的模具型面设计模块 PRO/DIEFACE 等。

4.4.2 集成电路引线框架多位精密级进模 CAD 技术

集成电路是信息技术产业群的核心和基础。建立在集成电路技术进步基础上的全球信息化、网络化和知识经济浪潮,使集成电路产业的战略地位越来越重要,对国民经济、国防建设和人民的生活影响也越来越大。

近年来,世界信息产业得到高速发展。据统计 1998 年世界电子产品市场销售额突破 10 000 亿美元大关,超过了汽车、钢铁和石化等产业。作为信息产业核心的集成电路,受电子产品市场发展的拉动,也将保持稳定的增长。多年来,世界集成电路产业一直以 3~4 倍于国民经济增长的速度迅猛发展,新技术、新产品不断涌现。

我国集成电路产业经过 30 多年的发展,初步形成了由芯片生产骨干企业、封装厂、设计公司(中心)以及关键专用的材料和设备制造厂构成的产业群体。2000 年,我国集成电路年需求量为 240 亿块,国内总产量为 58.8 亿块,销售额近 200 亿元。

模具在集成电路制造过程中起了重要的作用。如图 4.25 所示反映了在集成电路生产过程中存在 4 种类型的模具,包括封装模具两种(引线框架多工位精密级进模和塑封模),后封装模具两种(切筋模具和打弯模具)。其中精密级进模、切筋模具和打弯模具均属于冲压模具范围。尤其是集成电路引线框架多工位精密级进模,以其技术含量高、设计和制造难度大成为业界普遍关注的对象,并且从中发展出一类专用的模具 CAD 技术。

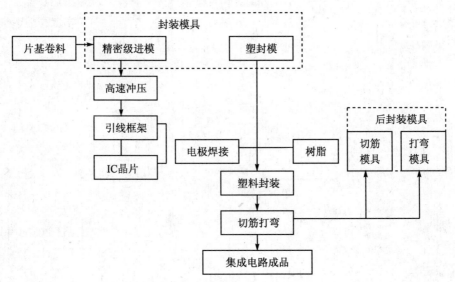

图 4.25 模具与集成电路生产

集成电路引线框架多工位精密级进模具有以下特点:

① 冲切精度高 现代大规模集成电路的集成程度越来越高,其内部结构越来越复杂,由此产生了更多的引线脚,引线脚之间的间隔距离则越来越小,对冲压精度的要求也就更高了。

② 冲压工位多 普通的集成电路引线框架模具工位数多在 20 以上,复杂的引线框架模具工位数甚至可以超过 60。

③ 模具设计和加工精度高 由于前两项特点,使得对集成电路引线框架模具的精度要求特别高,一般均达到微米级加工。

④ 大批量生产 由于对集成电路的需求极大,集成电路引线框架的生产批量常常达到几千万,甚至几亿、几十亿,这就对模具的寿命提出了很高的要求。

⑤ 高速生产 集成电路引线框架的生产一般都安排在高速自动冲床上进行,每分钟冲压次数可以超过一千次。

由于集成电路引线框架生产模具的上述特点,使其在模具材料、结构和加工等方面均与普通冲压模具有很大的差别。如为了保证模具寿命,集成电路引线框架多工位精密级进模具必须采用硬质合金制造的凸模和凹模。

集成电路引线框架多工位级进模 CAD 技术的关键在于工位的安排。工位安排的顺序一般为先冲制内引线脚,后冲制外引线脚,最后对内引线脚进行压印工序,使内引线脚焊接区域平整度达到 0.1 mm 之内。

为了达到高速作业状态下的平稳工作,延长模具使用寿命提高冲制件的精度,力的平衡非常重要。不仅冲压力合力点要和模块中心重合,压板的弹簧力合力与卸料力合力也要处于同一位置。这对集成电路引线框架多工位精密级进模 CAD 技术提出了新的要求。

与普通冲压模具相比较,由于集成电路引线框架多工位精密级进模具有很多不同之处,因而普通冲模 CAD 技术并不能直接应用于集成电路引线框架多工位精密级进模,而必须使用集成电路引线框架多工位精密级进模专用 CAD 技术。

第 5 章 模具 CAM 技术

数控加工是机械制造中的先进技术,在我国得到日益广泛的使用。数控加工的自动化程度高,可以减轻工人的劳动强度,其加工的零件一致性好,质量稳定,极大地提高了生产效率。数控机床及其加工技术是计算机辅助制造系统的基础,而计算机辅助设计和制造(CAD/CAM)技术的采用是机械工业实现现代化的必由之路,CAD/CAM 已成为促进国民经济发展和工业现代化的关键技术。

如何进行数控加工程序的编制是进行数控加工的关键,传统的手工编程方法复杂、繁琐,易于出错,难于检查。无法充分发挥数控机床的优势。在模具的加工中,经常遇到外形复杂的零件,其形状由自由曲面来描述。手工编程根本无法实现。近年来,由于计算机技术的迅速发展,计算机的图形处理功能有了很大增强,用计算机进行交互自动编程技术日渐成熟,这种方法速度快、精度高、直观、使用简便且便于检查,因此在工业发达国家已得到广泛使用。在国内,其重要性也得到普遍认同,其应用越来越普及,成为一种必然的趋势。

5.1 模具数控加工概述

5.1.1 模具制造的要求

为了保证模具产品的质量,除了设计合理的模具结构外,还必须采用先进的模具制造技术来制造模具。在制造模具时,应满足以下几个基本要求。

1. 制造精度高

模具的主要工作部分一般都是三维自由曲面,模具制造难度较大,为了能生产出合格的产品和发挥模具的效能,所设计制造的模具必须具有较高的精度,而且还要求加工表面质量好。模具的精度主要是由制品精度和模具结构要求决定的,为了保证制品精度,模具的工作部分精度通常要比制品精度高 2～4 级,因此模具的零部件必须有足够高的制造精度。否则,将不可能生产出合格的制品。

2. 使用寿命长

模具是比较昂贵的工艺装备,目前模具的制造费用约占产品成本的 10%～30%,其使用寿命长短将直接影响产品的成本高低。因此,除了小批量生产和新产品试制外,一般都要求模具具有较长的使用寿命,在大批量生产中,通常采用淬火工具钢或硬质合金等硬度较高的材料制造模具,以提高其使用寿命。

3. 制造周期短

模具制造一般都是单件生产,设计和制造周期都比较长。模具制造的周期长短主要取决于模具制造技术和生产管理水平的高低。为了满足生产的需要,提高产品的竞争力,必须在保证质量的前提下,尽量缩短模具制造周期。

4. 制造成本低

模具成本与模具结构、模具材料、制造精度要求和加工方法等有关。模具技术人员必须具备根据制品的要求合理设计和制订其加工工艺,在设计和制造模具时,应根据实际情况作全面考虑,在保证制品质量的前提下,选择合适的模具结构和加工方法,使模具的成本降低到最低。

5.1.2 模具数控加工的特点

模具数控加工当然是指利用数控技术在数控机床上完成模具零件的加工,根据零件CAD模型及工艺要求等条件编制数控加工程序,输入数控系统,然后控制数控机床上的刀具与工件的相对运动来完成零件的加工。

数控机床范围很广,在机械加工中有数控车加工、数控铣加工、数控钻加工和数控磨加工;在特种成形中则有数控电火花加工和数控线切割加工等。同传统的机械加工方法相比,数控加工具有如下特点。

1. 加工精度高,加工质量稳定

数控机床的机械传动系统和结构都有很高的精度、刚度和热稳定性,零件的加工精度和质量可以由机床保证,完全消除了操作者的人为误差,所以数控机床的加工精度高,加工误差一般能控制在 0.005 mm~0.1 mm 以内,而且同一批零件加工尺寸的一致性好,加工质量稳定。

2. 加工生产率高

数控机床结构刚性好且功率大、能自动进行切削加工,所以能选择较大的、合理的切削量,并能自动完成整个切削过程,大大缩短了机动加工时间。数控机床定位精度高,可省去加工过程中的中间检测,提高生产效率。

3. 对加工零件适应性强

因数控机床能实现几个坐标轴联动,加工程序可根据加工零件的要求而变换,所以它的适应性和灵活性很强,可以加工普通机床无法加工的形状复杂的零件。

4. 有利于生产管理

数控机床加工,能准确地计算出零件的加工工时,并有效地简化刀具、夹具、量具和半成品的管理工作。加工程序是用数字信息的标准代码输入,有利于与计算机连接,由计算机来控制和管理生产。

数控加工方式为模具加工提供了有效的手段,每一类模具都有其合适的加工方式。一般而言,对于旋转类模具,一般采用数控车加工,如车外圆、车孔、车平面、车锥面等;对于复杂的外形轮廓或带曲面的模具,电火花成形加工用的电极,一般采用数控铣加工,如注射模和压铸模等,都可以采用数控铣加工;对于微细复杂形状、特殊材料模具、塑料镶拼型腔及镶件和带异型槽的模具,都可以采用数控电火花或线切割加工;模具的型腔和型孔,可以采用数控电火花成形加工,包括各种塑料模、橡胶模、锻模、压铸模和压延拉伸等。

数控车加工、数控铣加工、数控电火花和线切割加工等不同的数控加工方法,为不同模具制造提供了可选择的手段。随着数控加工技术的发展,越来越多的数控加工方法应用到模具制造中,为模具制造提供了广阔前景。

5.2 模具数控编程系统

5.2.1 数控机床

20世纪40年代末,美国开始研究数控机床。1952年,美国麻省理工学院(MIT)伺服机构实验室成功研制出第一台数控铣床,并于1957年投入使用。这是制造技术发展过程中的一个重大突破,标志着制造领域中计算机控制时代的开始,是现代制造技术的基础,具有重要的实际意义和深远的影响。世界上主要工业发达国家都十分重视数控技术的发展和研究。我国于1958年开始研制数控机床,成功试制出配有电子管数控系统的数控机床,1965年开始批量生产配有晶体管数控系统的三坐标数控铣床。经过几十年的发展,数控机床已在工业界得到广泛应用,其在模具制造行业的应用尤为普及。

数控机床种类繁多,据调查在金属切削机床常用的车床、铣床、刨床、磨床、钻床、镗床、拉床、切断机床和齿轮加工机床中,国内外都开发了数控机床。一般将数控机床分为16大类:① 数控车床(含有铣削功能的车削中心);② 数控铣床(含铣削中心);③ 数控镗床;④ 以铣镗削为主的加工中心;⑤ 数控磨床(含磨削中心);⑥ 数控钻床(含钻削中心);⑦ 数控拉床;⑧ 数控刨床;⑨ 数控切断机床;⑩ 数控齿轮加工机床;⑪ 柔性加工单元(FMC);⑫ 柔性制造系统(FMS);⑬ 数控电火花加工机床(含电加工中心);⑭ 数控板材成形加工机床;⑮ 数控管料成形加工机床;⑯ 其他数控机床。

在数控加工中,数控铣削加工最为复杂,需解决的问题也最多。除数控铣削加工之外的数控线切割、数控电火花成形、数控车削和数控磨削等的数控编程各有其特点,但相对简单。

5.2.2 数控加工

数控加工是将待加工零件数字化表达,数控机床按数字量控制刀具和零件的运动,从而实现零件加工的过程。

通常数控机床由控制系统、伺服系统、检测系统、机械传动系统及其他辅助系统组成。控制系统用于数控机床的运算、管理和控制,通过输入介质得到数据,对这些数据进行解释和运算并对机床产生作用;伺服系统根据控制系统的指令驱动机床,使刀具和零件执行数控代码规定的运动;检测系统则是用来检测机床执行件(工作台、转台和滑板等)的位移和速度变化量,并将检测结果反馈到输入端,与输入指令进行比较,根据其差别调整机床运动;机床传动系统是由进给伺服驱动元件至机床执行件之间的机械进给传动装置;辅助系统种类繁多,如固定循环(能进行各种多次重复加工)、自动换刀(可交换指定刀具)和传动间隙补偿(补偿机械传动系统产生的间隙误差)等。

5.2.3 数控编程系统

数控设备的发展与编程技术的发展是紧密相关的,数控设备的发展不但推动了编程技术的发展,而且其本身也随着编程手段的提高而有新的发展。现代数控技术正在向高精度、高效率、高柔性和智能化方向发展,而且其编程方式也越来越丰富。

数控编程可分为机内编程和机外编程。机内编程指利用数控机床本身提供的交互功能进行编程。机外编程则是脱离数控机床本身在其他设备上进行编程。机内编程的方式随机床的不同而不同,可以"手工"方式逐行输入控制代码(手工编程)、交互方式输入控制代码(会话编程)、图形方式输入控制代码(图形编程),甚至可以用语音方式输入控制代码(语音编程)或通过高级语言方式输入控制代码(高级语言编程)。但机内编程一般来说只适用于简单形体的加工,而且效率较低。机外编程也可以分为手工编程、计算机辅助 APT 编程和 CAD/CAM 编程等方式。机外编程由于其可以脱离数控机床进行,相对机内编程来说效率较高,是普遍采用的方式。随着编程方式的进展,机外编程处理能力不断增强,已可以处理十分复杂形体的数控加工。

在 20 世纪 50 年代中期,MIT 伺服机构实验室实现了自动编程,并公布了其研究成果,即 APT 系统。20 世纪 60 年代初,APT 系统得到发展,可以解决三维物体的连续加工,以后经过不断的发展,具有了雕塑曲面的编程功能。APT 系统所用的基本概念和基本思想,对于自动编程技术的发展具有深远的意义,即使目前大多数自动编程系统也在沿用其中的一些模式。如编程中的三个控制面:零件面(PS)、导动面(DS)和检查面(CS)的概念;刀具与检查面的 ON、TO 和 PAST 关系等。但随着计算机技术的快速发展和 CAD 技术的发展,自动编程系统也逐渐过渡到以图形交互为基础的与 CAD 集成的 CAD/CAM 系统为主的编程方法。与以前的语言型自动编程系统相比,CAD/CAM 集成系统可以提供单一准确的产品几何模型,几何模型的产生和处理手段灵活、多样、方便,可以实现设计制造一体化。

虽然数控编程的方式多种多样,但毋庸置疑,目前占主导地位的是采用 CAD/CAM 数控编程系统进行编程,因此本章只对 CAD/CAM 数控编程系统进行介绍。

5.3 利用 CAM 系统进行自动编程的基本步骤

CAM 系统的模具加工自动编程基本步骤如下:第一步,确定加工工艺;第二步,建立加工模型;第三步,生成工具轨迹;第四步,产生后置代码;第五步,输出加工代码。以下分别予以简单说明。

1. 加工工艺的确定

这一步的工作目前主要依靠人工进行,其主要内容有:① 核准加工零件的尺寸、公差和精度要求;② 确定装卡位置;③ 选择刀具;④ 确定加工路线;⑤ 选定工艺参数。

2. 加工模型的建立

利用 CAM 系统提供的图形生成和编辑功能将零件的被加工部位绘制在计算机窗口中,作为下一步计算机自动生成刀具轨迹的依据。

加工模型的建立是通过人机交互的方式进行的。被加工零件一般是用工程图的形式表达在图纸上,用户可根据图纸建立三维的加工模型。针对这种需求,CAM 系统提供强大的几何建模能力,不仅有常用的直线和圆弧,还提供生成复杂的样条线、组合曲线、各种规则和不规则曲面等的方法,并提供各种过渡、裁剪和几何变换等编辑手段。

被加工零件也可能是由其他 CAD/CAM 系统建立的以标准形式表达的数据文件,CAM 系统针对此类需求应提供标准的数据接口,如 DXF、IGES 和 STEP 等。由于分工越来越细、企业之间的协作越来越频繁,这种形式目前越来越普遍。

被加工零件的外形还可能是由测量机测量得到,针对此类需求,CAM 系统应提供读入测量数据的功能,根据按一定格式给出的数据,系统自动生成零件的外形曲面。

3. 刀具轨迹的生成

建立了加工模型后,即可利用 CAM 系统提供的多种形式的刀具轨迹生成功能进行数控编程。用户可以根据不同的工艺要求和精度要求,通过交互指定加工方式和加工参数等,方便快速生成所需要的刀具轨迹即刀具的切削路径。

为满足特殊的工艺需要,CAM 系统能对已生成的刀具轨迹进行编辑。通常 CAM 系统还可通过模拟仿真检验生成的刀具轨迹的精度,并可通过代码校核,用图形方式检验加工代码的正确性。

4. 后置代码的生成

在计算机窗口中用图形形式显示的刀具轨迹要变成可以控制机床的代码,需进行后置处理。后置处理的目的是形成数控指令文件,利用 CAM 系统提供的后置处理器,用户按机床规定的格式进行定制,即可方便地生成和特定机床相匹配的加工代码。

5. 加工代码的输出

生成数控指令之后,可通过计算机的标准接口与机床直接连通。CAM 系统一般可通过计算机的串口或并口与机床连接,将数控加工代码传输到数控机床,控制机床各坐标的伺服系统,驱动机床。

5.4 UG 的 CAM 功能介绍

5.4.1 UG 加工模块综述

UG 采用了全 Windows 界面,因而用户的使用相对容易一些。另外,UG 的教程软件 CAST 也做得很好,对于一些基本概念和操作,读者可自己进行学习和体会。在这里主要介绍其总体布局及其使用技巧。

1. 初始化操作

在 UG 的 Application 下拉菜单中选择 Manufacturing 或按快捷键 Ctrl+Alt+M,即可进入其 CAM 模块。

零件第一次进入加工模块必须设置操作类型,然后才能对操作进行初始化以进入加工环境。图 5.1 所示为 UG"加工环境"对话框,其各部分说明如图 5.1 所示。

2. 操作浏览器

熟悉 UG 软件的人都知道,UG 提供了造型特征树和装配特征树以方便信息的浏览及针对特征、对象的操作;在加工环境里,UG 也有操作浏览器(Operation Navigator)来进行操作管理,并且提供了 4 种不同类别的界面供用户选择,如图 5.2 所示。

操作浏览器的实质是提供了 4 种观察与管理刀具轨迹的方式。现对其稍作介绍。

- 程序顺序视图(Program Order View):按照刀轨生成的先后顺序进行排列和显示。
- 机床视图(Machine Tool View):按照所定义的加工刀具应用情况进行轨迹的排列和显示。
- 几何视图(Geometry View):按照几何体进行轨迹的排列和显示。
- 加工方法视图(Machining Method View):按照轨迹的类型不同(铣、车等)进行轨迹的

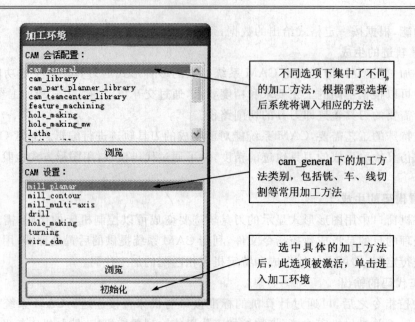

图 5.1 "加工环境"对话框

图 5.2 CAM 操作浏览器

排列和显示。

3. 操作的创建

在完成初始化操作后,用户就可以选择不同的加工方法生成刀具轨迹,如图 5.3 所示。

图 5.3 创建操作分类

现对图 5.3 的功能含义做简要介绍。

① 创建操作(Create Operation):系统将初始化导入的加工方法以对话框形式列出供用户选择。

② 创建程序(Create Program):其主要目的是对其操作进行管理,一个程序下可以包含不同刀具、不同方法而生成的多个加工轨迹。读者可自己键入程序名后,再把操作浏览器设为程序顺序视图(Program Order View),即可理解,另外选中并右击可看到更加丰富的内容(读者在学习 UG 时。一定要注意其 Windows 特性)。

③ 创建刀具(Create Tool):根据用户的程序要求生成刀具。把操作浏览器设为 Machine Tool View,并在所创建的刀具上右击可生成 Operation 等。

④ 创建几何对象(Create Geometry):创建几何对象可以简化用户操作(加工面的选择

等),避免重复劳动。其本质是把用户所选择的图素定义成一个整体并以名称来区别。例如,待加工零件由很多面组成,用户可定义名为 Surface(或其他)的几何对象来包含所有平面,然后在"几何视图"(Geometry View)下进行进一步操作。

5.4.2 刀具轨迹的管理

为了方便用户对刀具轨迹的检查与参数编辑,UG 为常用的管理选项创建了快捷方式,用户选择了已生成的刀具轨迹后,如图 5.4 所示命令被激活。

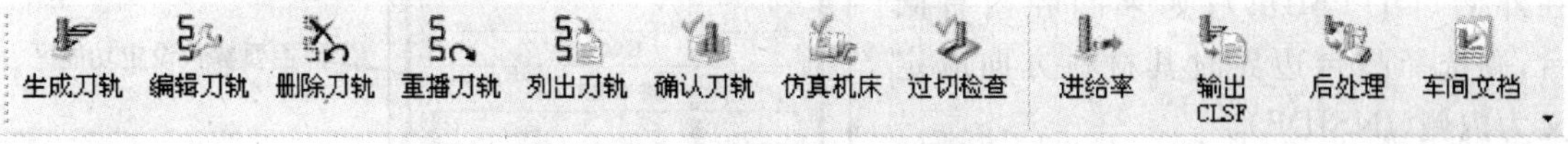

图 5.4 刀具轨迹的管理

需要说明的是,UG 的刀位文件(CLSF)和 Master CAM 中的 NCI 文件性质相同,".ptp"文件和 NC 文件相同。UG 的刀具轨迹的编辑功能很实用,在对话框中会列出刀位文件数据,并根据用户在图形中选取的轨迹把相应的数据高亮显示,这样可以对轨迹的正确性与否作出判断。

刀具轨迹的仿真可以动态的进行实体切削仿真,系统根据加工区域的形状临时生成毛坯(用户可以交互定义毛坯),然后进行仿真。

加工对象(Manufacturing Objects)是"刀具轨迹"对话框中,针对被加工对象进行操作的快捷方式,如图 5.5 所示。

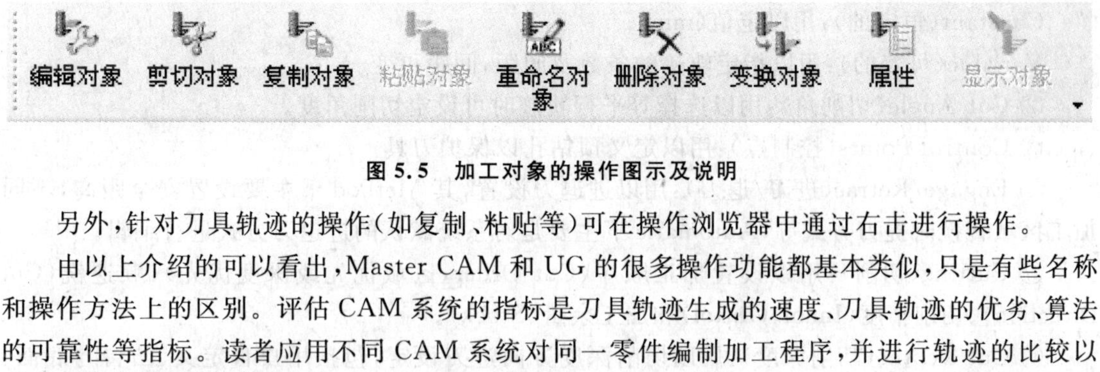

图 5.5 加工对象的操作图示及说明

另外,针对刀具轨迹的操作(如复制、粘贴等)可在操作浏览器中通过右击进行操作。

由以上介绍的可以看出,Master CAM 和 UG 的很多操作功能都基本类似,只是有些名称和操作方法上的区别。评估 CAM 系统的指标是刀具轨迹生成的速度、刀具轨迹的优劣、算法的可靠性等指标。读者应用不同 CAM 系统对同一零件编制加工程序,并进行轨迹的比较以加深对系统的认识。

在刀具轨迹生成后,系统生成刀位文件 CLSF,Cutter Location Source File,即刀位文件以记录刀具运动的速度、数据等信息。其语句格式为 GO TO/X,Y,Z,所以必须经过后置处理得到能被机床数控系统识别的 G 代码。UG 可以由用户根据数控系统格式要求自己定义 MDFG 文件(*.mdf),从而处理得到完全符合格式要求的加工代码。

5.4.3 UG 铣削加工方法介绍

1. 平面铣

(1) 边界(BOUNDARY)定义

平面铣削是通过用户给定的边界来确定需要加工的区域,边界的定义如图 5.6 所示。

其中必须要选择的是部件(Part)和底面(Floor)。Part 定义了工件在 X-Y 面上的形状,Floor 定义了工件在 Z 方向的尺寸。

这里要提醒读者注意的是 Material Side,是指工件材料在边界的外侧还是内侧:对于凹腔,选择其上表面时材料方向在外侧(OUTSIDE);如果凹腔内有凸台,则选择凸台边界时其材料方向应定义为内侧(INSIDE)。

(2) 主要参数的设定

在本节将比较详细地介绍切削参数的设置,掌握这些基本概念有助于用户理解 UG 的 CAM 模块,进而能够很容易地举一反三,掌握更多的加工方法。

① Stepover(刀间距):用以设置轨迹间的距离。

Tool Diameter(刀具直径):用以设定刀具直径的百分比;

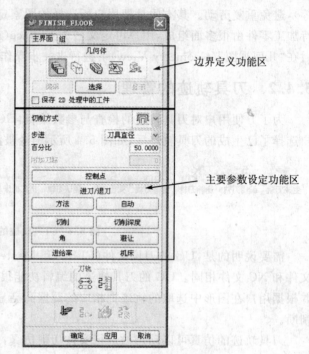

图 5.6 平面铣时主界面的设定

Scallop(残余波峰高度):用以设定毛刺高度;

Constant(恒定的):用以定值(mm);

Variable(可变的):用以指定轨迹的条数及间距,间距可变。

② Cut Angle(切削角):用以选择等平行轨迹时可设定切削角度。

③ Control Points(控制点):用以定义预钻孔以保护刀具。

④ Engage/Retrac(进刀/退刀):用以进退刀设置,其 Method 下主要设置安全距离,不同加工区域转换时提刀方式等,Automatic 下主要是对系统默认的进退刀方式进行编辑。

⑤ Cutting(切削):用以设置加工顺序(Cut Order,区域优先或深度优先)、顺逆铣(Cut Direction)、切削精度(Innol,Outtol)和加工余量(Stock)。

⑥ Cut Depths(切削深度):用以切削深度方向进刀设定,包括用户自定义、凸台与底面、定值等方法。

⑦ Corner(角):用于拐角加工设定,包括拐角轨迹、速度减慢(Slowdown)等。

⑧ Avoidance(避让):用于安全选项设定,包括开始点、进刀点和安全平面等设定。

⑨ Feed Rates(进给率):用于走刀速度设定,包括快速、进刀、加工、转移和退刀等速度的设定。

⑩ Machine(机床):用于机械参数的设定,包括程序开始指令(如冷却液开)、程序结束指令(如主轴停转)和刀具补偿等。

在参数设定中主要应掌握安全选项、切削深度和加工余量的设置,有些参数可慢慢在实践中体会,因为在操作中不停的有新的对话框弹出对初学者的掌握很不利。其主对话框中关于刀具轨迹的操作已在前面介绍过,此处就不再介绍。

(3) 走刀轨迹的选择

UG 的走刀轨迹也有比较多的种类,其常用方式介绍如下。

① Zig|Zag(往复):平面刀具轨迹,双向进刀,可设置切削角度。

② Zig(单向):平行刀具轨迹,单向进刀,可设置切削角度。

③ Zip with Contour(单向带轮廓铣):平行刀具轨迹,单向进刀;与 Zig 不同的是,Zig 的提刀回退轨迹和刀具轨迹重合,而 Zip with Contour 轨迹中刀具沿着两条轨迹的对角线返回。

④ Follow Periphery(跟随周边):依照零件轮廓生成平行的刀具轨迹。

⑤ Follow Part(跟随工件):依照零件形状生成平行等距的刀具轨迹。

⑥ Profile(配置文件):沿边铣削,只在工件的周边轮廓产生刀具轨迹,此时对话框中 AdditionalPasses 被激活,用户可以按照需要增加一定数量的轨迹。

⑦ Standard Drive(标准驱动):与 Profile 轨迹类似,只不过忽略刀具无法通过的区域,刀具轨迹是完整的。

这几类刀具轨迹是常用的,因此,读者可针对同一零件使用不同的轨迹生成零件程序,并要仔细体会其相同与不同,以及其各自适用的工序及零件。

(4) 应用实例

在这个练习中,创建一个加工型腔底面的精加工工步。

1) 打开文件。

单击菜单中"文件"|"打开",在相应的文件夹下选择要打开的文件。

① 文件模型如图 5.7 所示。

② 单击"开始"(start)下级联菜单中的"加工"(Manufacturing)菜单,进入加工模块。

2) 创建一个精加工型腔底面的平面铣工步。

需要做如下的工步:

- 选择 Type 和 Subtype。
- 选择 Tool 父节点组。
- 选择 Geometry 父节点组。
- 选择 Method 父节点组。
- 输入要创建的工步的名字。
- 创建一个新的工步。
- 在创建工步的界面中用选择面的方法创建边界。
- 生成刀轨并观察结果。

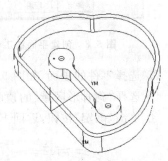

图 5.7 打开的零件

创建一个精加工型腔底面的平面铣工步的具体操作步骤如下:

① 单击"创建操作"(Create Operation)图标 ,打开如图 5.8 所示创建操作对话框。

② 确保"类型"(Type)下拉列表框为 mill_planar。

③ 单击"子类型"选项卡中的 FINISH_FLOOR 。

④ 设置"程序"(Program)文本框为 PROGRAM。

⑤ 设置"使用几何体"(Geometry)文本框为 WORKPIECE。

⑥ 设置"使用刀具"(Tool)文本框为 UGTI0201_013。

⑦ 设置"使用方法"(Method)文本框为 MILL_FINISH。
⑧ 命名"名称"文本框为 floor-finish,如图 5.8 所示。
⑨ 单击"确定"按钮。

3) 定义零件的边界。

① 在上一步完成后弹出的 FINISH-FLOOR 对话框中,单击"部件"(Part)图标,然后单击"选择"(Select)按钮,如图 5.9 所示。

图 5.8 创建平面铣工步

图 5.9 FINISH_FLOOR 对话框

② 选择零件的顶面,如图 5.10 所示。
③ 选择"狗骨形区域"的顶面,如图 5.11 所示。
④ 单击"确定"按钮,返回 FINISH_FLOOR 对话框。

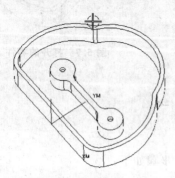

图 5.10 选择零件顶面

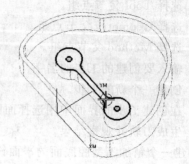

图 5.11 选择"狗骨型区域"的顶面

4) 选择 Floor Plane。

① 在 FINISH FLOOR 对话框中的几何体(Geometry)选项区域组,单击 Floor(底面)图标,然后单击"选择"(Select)按钮,如图 5.9 所示。

② 选择型腔的底面作为 Floor Plane,如图 5.12 所示。

③ 单击"确定"按钮。

5) 生成刀具轨迹。

① 单击 FINISH_FLOOR 对话框中 Generate 图标 ，生成精加工型腔底面的刀具轨迹。

② 单击"确定"按钮。

③ 保存并关闭文件。

2. 型腔铣

(1) 加工要素的定义

Cavity Milling 从字面上看是型腔的加工,实际通过工件和毛坯的定义可完成各种形状零件的加工,其加工对象定义如图 5.13 所示。

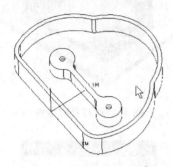

图 5.12 选择型腔的底面

图 5.13 型腔加工对象定义

在图素选择过程中,如果定义了 Block,则用实体操作较为方便,反之则用面进行选择比较方便。在选面时可先选择全部表面,然后用 shift+鼠标左键选择非加工面,这样操作可大大简化。

(2) 参数介绍

读者进入型腔加工的对话框,可以发现其大部分参数都和平面铣相同,在此介绍很重要的 cut levels(切削深度定义)。

在型腔内部形状很复杂时,多加工层次,复合深度切削对加工质量提高是非常重要的。

选择了工件后,"切削层"(cut levels)对话框被激活,如图 5.14 所示。

读者可以自己做实例进行练习,其他的参数没有特别之处,不展开介绍。

(3) 加工实例

在本练习中,重放工步,并检查各切削层,然后添加两个切削范围,并修改此范围的切削层。

① 打开文件,进入加工应用,如图 5.15 所示。

② 创建好刀具、加工几何体和毛坯几何体后,单击"创建操作"按钮,弹出"创建操作"对话框,如图 5.16 所示。按照图中选项进行相应设置后单击"确定"按钮。弹出 CAVITY_MILL ("型腔铣")对话框,如图 5.17 所示。

③ 设置切削深度。在打开的 CAVITY_MILL 对话框中"控制几何体"选项区域组中单击"切削层"按钮,弹出"切削层"设置对话框。如图 5.14 所示指定相关参数。单击"确定"按钮,返回 CAVITY_MILL 对话框。

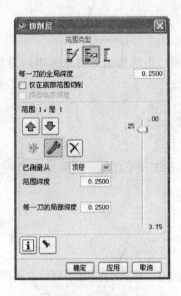

图 5.14　加工深度设置界面

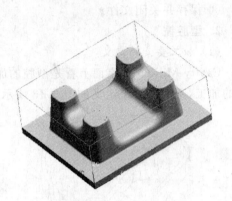

图 5.15　打开的零件

图 5.16　"创建操作"对话框

图 5.17　CAVITY_MILL 对话框

④ 设置切削参数。单击 CAVITY_MILL 对话框中"切削"按钮,弹出"切削参数"对话框。如图 5.18 指定相关参数。单击"确定"按钮,返回 CAVITY_MILL 对话框。

⑤ 设置进给和速度参数。在图 5.17 所示 CAVITY_MILL 对话框中单击"进给率"按钮,弹出"进给和速度"对话框,在"速度"选项卡按图 5.19 所示设定相关参数;再在"进给和速度"对话框中的"进给"选项卡中按图 5.20 所示设定相关参数后单击"确定"按钮返回。

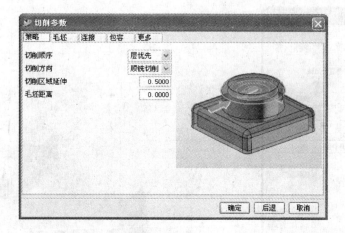

图 5.18 "切削参数"对话框

图 5.19 速度参数设定

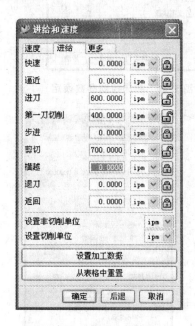

图 5.20 进给量参数设定

⑥ 设置机床控制参数。如图 5.17 所示 CAVITY_MILL 对话框中,单击"机床"按钮,弹出"机床控制"对话框,如图 5.21 所示,设定相关参数后单击"确定"按钮,返回"CAVITY_MILL"对话框。

⑦ 最后单击 CAVITY_MILL 对话框中的 Generate("生成刀轨")图标 ,生成的计算刀具轨迹如图 5.22 所示。

⑧ 刀具轨迹的验证。单击 CAVITY_MILL 对话框中"生成刀轨"图标旁边的"确认刀轨"图标 ,弹出"可视化刀具轨迹"对话框,如图 5.23 所示。设置相关参数,单击"播放"按钮,可动态验证刀具轨迹,如图 5.24 所示。

⑨ 保存文件,练习结束。

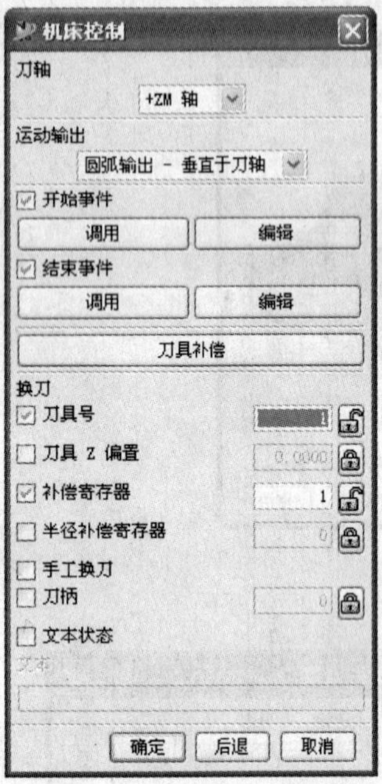

图 5.21 机床控制参数设定

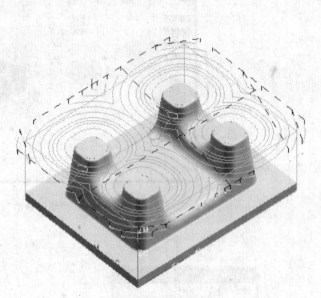

图 5.22 计算的刀轨

图 5.23 "可视化刀轨轨迹"对话框

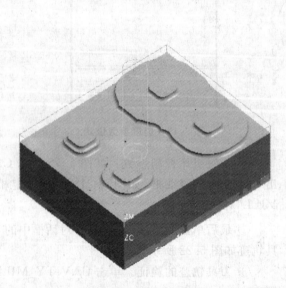

图 5.24 刀具轨迹验证

3. 固定轴曲面轮廓铣

（1）加工要素的定义

三轴加工应用广泛。UG 也为此定义了非常丰富的加工方法。UG NX 版本引入了 Groups 的概念，即通过刀具、坐标系等把不同操作分组管理并建立了父与子的信息继承，读者可参考有关专著。UG NX 版本把刀具定义放到 Groups，界面并无很大变化。

三轴加工的加工对象非常广泛，实体、面和曲线都可以定义工件。由于其往往用于精加工，因而和型腔加工相比，除了缺少了毛坯定义，没有其他不同。

（2）参数设定要点

在参数设定中，最重要的是 Drive Method，它决定了刀具轨迹的形状、范围。系统根据驱动的方法和工件形状生成不同的刀具轨迹，默认为 Boundary。

在选择了轨迹驱动方法后，可以进一步选择轨迹形式、刀间距、切削方向等参数，然后可以生成轨迹。在 Boundary 下可定义边界的 Stock，使加工区域可调。

（3）加工实例

通过此练习的学习，掌握如何建立固定轴曲面轮廓的粗加工和精加工工步。

① 打开文件，如图 5.25 所示。

② 设定加工环境、创建刀具。

③ 创建一个固定轴曲面轮廓铣的工步。具体设置如图 5.26 所示，然后单击"确定"按钮。

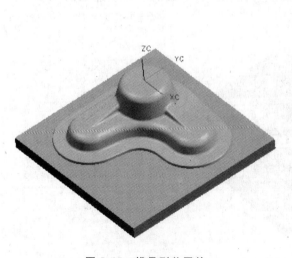

图 5.25　模具型芯零件

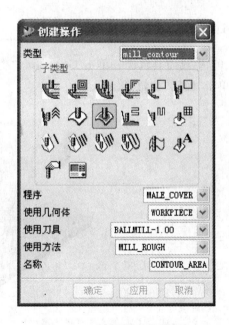

图 5.26　"创建操作"对话框

④ 设置零件几何体和检查几何体。单击图 5.27 所示 CONTOOR_AREA 对话框中"显示"按钮，分别显示零件几何体和检查几何体，确认正确无误。

⑤ 设置曲面铣削参数。在图 5.27 中所示 CONTOUR_AREA 对话框中单击"驱动方式"

下拉列表选择驱动方法为"区域驱动"(Area Mill)。弹出的"区域驱动"对话框显示及具体参数设置如图 5.28 所示,单击"确定"按钮。

图 5.27 CONTOUR_AREA 对话框

图 5.28 "区域驱动"对话框

⑥ 生成刀具轨迹。单击 Generate("生成刀轨")图标 ,生成的刀具轨迹如图 5.29 所示,单击"确定"按钮,接受工步。

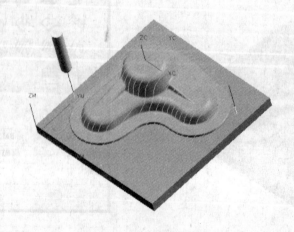

图 5.29 刀具轨迹

⑦ 如想验证刀具轨迹的正确性,可按上个实例第 8 步的方法进行。
⑧ 保存文件,练习结束。

5.5 CAM 的后置处理

后置处理就是结合特定机床把系统生成的二维或三维刀具轨迹转化成机床代码指令,生成的指令可以直接输入数控机床用于加工,这是 CAM 系统的最终目的。考虑到生成程序的通用性,UG 后处理针对不同的机床,可以设置不同的机床参数和特定的数控代码程序格式,同时还可以对生成的机床代码的正确性进行校核。

5.5.1 UG NX 后处理简介

NX 软件系统的数控加工编程能力是目前市场上最强的集成系统,其加工编程功能包括 3~5 轴铣削加工编程、车削加工编程、线切割加工编程等。

在 NX CAM 中生成零件加工刀轨,刀轨文件中包含切削刀具位置信息,还有机床控制的指令信息,这些刀轨文件不能直接驱动机床。数控机床的控制器不同,所使用的 NC 程序格式就不一样。因此,NC CAM 中的刀轨过程处理转换成特定的机床控制器能接受的 NC 程序格式,这一处理过程就是"后处理"。

NC 软件提供了两种后处理方法,一种是用图形后处理模块 GPM(Graphics Postprocessor Module)进行后置处理,另一种是用 NX/POST 后处理进行后置处理。

GPM 后处理方法是一种旧式方法,现代数控机床的复杂性和特殊性越来越多,采用 GPM 方法也越来越难以适应新的机床,而 NX/POST 通过建立与机床控制系统相匹配的两个文件——事件处理文件和定义文件,可以轻松地完成从简单到任意复杂机床控制系统的后处理,用户甚至可以直接修改这两个文件实现用户特定的信息处理。

一般用户在使用 NX 加工模块,主要是将加工文件 NX 加工环境中生成加工刀轨。但由于加工机床有许多类型,不能将未经后处理的加工刀轨源文件(CLSF)直接发送给机床。每个机床都有不同的硬件配置(例如,机床主轴是立式,还是卧式;主轴联动是 3 轴、4 轴还是 5 轴等。)

此外,通常每台机床的控制系统也不完全相同,不同控制系统所要求的 NC 程序格式也不一样(例如,有些车削控制系统在冷却泵开启时,要求一个特定代码并且单独在 NC 程序中占一行。而大多数车削控制系统在冷却泵开启时,则要求一个 M 代码并允许与其他 NC 代码在同一行中输出)。这些信息在 NX 刀位轨迹源文件中是没有的。一台机床就有一个后处理,用户可以修改后处理文件中的参数以符合机床控制系统的要求。但是用户不可以修改刀位轨迹源文件,因为它们可能用于不同的机床和不同的控制系统。

后处理必须具备两个要素。
- 刀轨——NX 内部刀轨。
- 后处理器——是一个包含机床和控制系统信息的处理程序,它读到刀轨数据,再转化成机床可接受代码。

5.5.2 后处理编辑器

NX 提供了一个优秀的后处理工具——NX/POST,它以 NX CAM 中生成的零件加工刀轨作为输入,输出符合机床控制系统要求的 NC 代码。用户可以通过 NX/POST 建立和机床控制系统相关的事件处理文件和事件定义文件,然后通过 NX 整合在一起,完成简单或任意复杂机床的后处理。图 5.30 显示了后处理的过程。

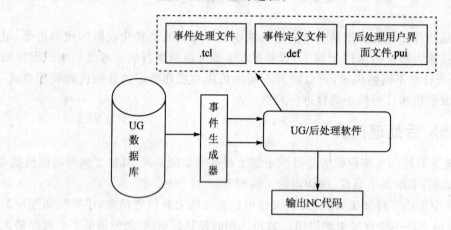

图 5.30　NX 后处理过程

NX/POST 包括以下 5 个部分:

• Event Generator(事件生成器):将事件传给 NX/POST。事件是后置要处理的一个数据集,用来控制机床的每一个动作。它可以通过单击图标或通过选择 Tools | Operation Navigator | Output | Postprocessor 命令来调用。

• Event Handle(事件处理文件.tcl):这个文件是用 TCL(Tool Command Language)语言写成,定义了每一个事件的处理方式。它可以通过 Post Builder 建立。

• Definition File(事件定义文件.def):定义事件处理后输出的数据格式。它可以通过 Post Builder 建立。

• Output File(输出文件):NX/POST 输出的 NC 文件。

• Post User Interface File(后处理用户界面文件.pui):通过它用户可以利用 Post Builder 来修改事件处理文件和事件定义文件。

事件生成器、事件处理文件和事件定义文件是相互关联的,它们结合在一起把 NX 刀轨源文件处理成机床可接受的文件。

第6章 注塑模具 CAE 技术

随着计算机辅助设计(CAD)与计算机辅助制造(CAM)技术的发展及其在塑料模具设计技术中的应用,逐步形成了以计算机模拟为手段剖析塑料加工过程并完善模具优化设计的塑料模具计算机辅助工程(CAE)技术。CAE 技术目前已成为完善塑料产品开发,模具设计及产品加工中那些薄弱环节的最有效途径。同传统的模具设计相比,CAE 技术无论在提高生产率、保证产品质量,还是降低成本、减轻劳动强度等方面,都具有很大优越性。

模具 CAE 技术的基本方法,就是将一项模具设计或者成型加工作为研究对象;然后用户利用预先确定的方法对这一特定的设计进行模拟或描述;接着通过计算机运算,对输入条件和用户的模型进行评估,并输出计算结果;用户对结果作出评价,确定修改措施,使结果更满意。上述过程反复进行,直到取得一成功的设计方案。该过程由 CAE 系统进行远比人工计算快速和精密。但在最后的结果中仍体现设计者的经验和技能。

利用 CAE 技术可以在模具加工前,在计算机上对整个注塑成型过程进行模拟分析,准确预测熔体的填充、保压、冷却情况、以及制品中的应力分布、分子和纤维取向分布、制品的收缩和翘曲变形等情况,以便设计者能尽早发现问题,及时修改制件和模具设计,而不是等到试模以后再返修模具。这不仅是对传统模具设计方法的一次突破,而且对减少甚至避免模具返修报废,提高制品质量和降低成本等,都有着重大的技术经济意义。

6.1 注塑成型基础知识

6.1.1 注塑成型定义

所谓注塑成型(Injection Molding),是指将已加热熔化的材料喷射注入到模具内,经由冷却与固化后,得到成品的方法。注塑成型已经成为大多数塑料制品的成型方式,Moldflow 软件对注塑成型方式的模拟分析技术比较成熟。

树脂原料经由注塑机注塑成型变为塑料制品的整个过程,包括以下几部分:
① 计量 为了成型一定大小的塑件,必须使用一定量的颗粒状塑料,这就需要计量。
② 塑化 为了将塑料充入模腔,就必须使其变为熔融状态,才能流动充入模腔。
③ 注塑充模 为了将熔融塑料充入模腔,就需要对熔融塑料施加注塑压力,注入模腔。
④ 保压增密 熔融塑料充满模腔后,向模腔内补充因制品冷却收缩所需的物料。
⑤ 制品冷却 保压结束后,制品开始进入冷却定型阶段。
⑥ 开模 制品冷却定型后,注塑机的合模装置将动模部分与定模部分分离。
⑦ 顶件 注塑机的顶出机构顶出塑件。
⑧ 取件 通过人力或机械手取出塑件和浇注系统冷凝料等。
⑨ 闭模 注塑机的合模装置闭合并锁紧模具。

6.1.2 注塑成型工艺过程

在注塑过程的塑化、填充、保压和冷却这 4 个主要阶段中，其主要作用的工艺参数也随着注塑过程的变化而变化。

1. 塑 化

塑化是指塑料在料筒内经加热达到良好的可塑性流动状态的全过程，因此可以说塑化是注塑成型的准备过程。熔体在进入模腔之前应达到规定的成型温度，并能在规定的时间内达到足够数量，熔体温度应均匀一致，不发生或极少发生热分解以保证生产的连续性。

2. 填 充

这一阶段从柱塞或螺杆开始向前移动起，直至模腔被塑料熔体充满为止。

填充过程中重要工艺参数有熔体温度、注塑压力和填充时间 3 个参数。

充模刚开始一段时间内模腔中没有压力，待模腔充满时，料流压力迅速上升而达到最大值。充模时间与模塑压力有关。充模时间长，先进入模内的塑料受到较多的冷却，黏度增大，后面的塑料就需要在较高的压力下才能进入模腔；反之，所需的压力则较小。在前一情况下，由于塑料受到较高的剪切应力，分子定向程度比较大。这种现象如果保留到料温降低至软化点以后，则制品中冻结的定向分子将使制品具有各向异性。这种制品在温度变化较大的使用过程中会出现裂纹，裂纹的方向与分子定向方向是一致的。而且，制品的热稳定性也较差，这是因为塑料的软化点随着分子定向程度增高而降低。高速充模时，塑料熔体通过喷嘴、主流道、分流道和浇口时产生较多的摩擦热而使料温升高，这样当压力达到最大值时，塑料熔体的温度就能保持较高的值，分子定向程度可减少，制品熔接强度也可提高。充模过快时，在嵌件后部的熔接往往不好，致使制品强度恶劣。

3. 保 压

这是指从熔体充满模腔时起，至柱塞或螺杆撤回时为止的一段时间。

保压阶段包括的重要工艺参数有保压压力、保压时间两个参数。

保压阶段中，塑料熔体因受到冷却而发生收缩，但因塑料仍然处于柱塞或螺杆的稳压下，料筒内的熔料会被继续注入模腔内以补足因收缩而留出的空隙。如果柱塞或螺杆停止在原位不动，压力曲线就会略有衰减；如果柱塞或螺杆保持压力不变，也就是随着熔料入模的同时向前做少许移动，则在此段中模内压力维持不变，此时压力曲线与时间轴平行。保压阶段对于提高制品的密度，降低收缩和克服制品表面缺陷都有影响。此外，由于塑料还在流动，而且温度又在不断下降，定向分子容易被冻结，所以这一阶段是大分子定向形成的主要阶段。这一阶段拖延时间越长，分子定向程度也将越大。

4. 冷 却

这一阶段是指从浇口的塑料完全冻结时起，到制品从模腔中顶出时为止。冷却阶段重要工艺参数是冷却时间。

冷却时模腔内压力迅速下降，模腔内塑料在这一阶段内主要是继续冷却，以便制品在脱模时具有足够的刚度而不至于发生扭曲变形。在这一阶段中，虽无塑料从浇口流出或流入，但模内还可能有少量的塑料流动，因此依然能产生少量的分子定向。由于模内塑料的温度、压力和体积在这一阶段中均有变化，因此到制品脱模时，模内压力不一定等于外界压力，模内压力与外界压力的差值成为残余压力。残余压力的大小与保压阶段的时间长短有密切关系。残余压力为正值时,脱模比较困难,制品容易被刮伤或破裂;残余压力为负值,制品表面容易有陷痕或内部有真空泡。所以只有在残余压力接近零时,脱模才比较顺利,并能获得满意的制品。

6.1.3 注塑成型工艺条件

注塑成型的工艺条件主要包括温度、压力和时间等。

1. 温 度

注塑成型过程中的温度主要有熔料温度和模具温度。熔料温度影响塑化和注塑充模,模具温度影响充模和冷却定型。

熔料温度包括塑化树脂的温度和从喷嘴射出的熔体温度,前者称为塑化温度,后者称为熔体温度,由此看来,熔料温度取决于料筒和喷嘴两部分的温度。熔料温度的高低决定熔体流动性能的好坏。熔料温度高,熔体的黏度小,流动性能好,需要的注塑压力小,成型后的制件表面光洁度好,出现熔接痕和缺料的可能性就小。反之,熔料温度低,就会降低熔体的流动性能,会引起表面光洁度低、缺料和熔接痕明显等缺陷。但是熔料温度过高会引起材料降解,导致材料物理和化学性能降低。

模具温度是指和制件接触的模腔表面温度。模具温度直接影响熔体的充模流动行为,制件的冷却速度和制件最终质量。提高模具温度可以改善熔体在模腔内的流动性,增强制件的密度和结晶度以及减少充模压力和制件压力。但是提高模具温度会增加制件的冷却时间,增大制件收缩率和脱模后的翘曲,制件成型周期也会因为冷却时间的增加而变长,降低了生产效率。降低模具温度,虽然能够缩短冷却时间,提高生产率,但是,会降低熔体在模腔内的流动能力,并导致制件产生较大的内应力或者形成明显的熔接痕等制件缺陷。

2. 压 力

注塑成型过程的压力主要包括注塑压力、保压压力和背压。注塑成型过程中压力曲线的变化如图6.1所示。

注塑压力是指螺杆或者柱塞沿轴向前移动时,其头部向塑料熔体施加的压力。它主要用于克服熔体在成型过程中的流动阻力,还对熔体起一定的压实作用。注塑压力对熔体的流动、充模及制件质量都有很大影响,注塑压力与充模时间的关系曲线呈抛物线状,如图6.2所示。只有选择适中的注塑压力才能保证熔体在注塑过程中具有较好的流动性能和充模性能,同时保证制件的成型质量。注塑压力的大小取决于制件成型树脂原料的品种、制件的复杂度、壁厚、喷嘴的结构形式,模具浇口的类型和尺寸以及注塑机类型等因素。

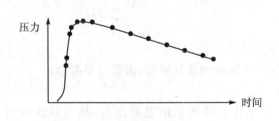

图 6.1 压力随时间变化曲线

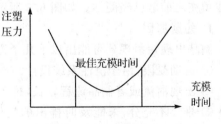

图 6.2 充模时间优化

保压压力是指对模腔内树脂熔体进行压实以及维护向模腔内进行补料流动所需要的压力。保压压力是重要的注塑工艺参数之一,保压压力和保压时间的选择直接影响注塑制品的质量,保压压力与注塑压力一样由液压系统决定。在保压初期,制品重量随着保压时间而增加,达到一定时间后不再增加。延长保压时间有助于减少制品的收缩率,但过长的保压时间会使制品的两个方向上的收缩率程度出现差异,令制品各个方向上的内应力差异增大,造成制品翘曲和黏膜。在保压压力及熔体温度一定时,保压时间的选择应取决于浇口凝固时间。

背压是指螺杆顶部熔料在螺杆转动后退时对其施加的反向压力。增大背压可以排出原料中的空气,提高熔体密实程度,还会增大熔体的压力,减小螺杆后退速度,加强塑化过程的剪切作用、增多摩擦热、升高熔体温度和提高塑化效果。但是背压增大后,如果不相应提高螺杆转速,那么,熔体在螺杆计量段螺槽中将会产生较大的逆流和漏流从而使塑化能力下降。背压的大小与制件成型树脂原料品种、喷嘴种类以及加料方式有关。

3. 时间

注塑成型周期主要由注塑时间、保压时间、冷却时间和开模时间组成。

注塑时间是注塑活塞在注塑油缸内开始向前运动直至模腔被全部充满为止所经历的时间。

保压时间为从模腔充满后开始,到保压结束为止所经历的时间。

注塑时间与保压时间由制件成型树脂原料的流动性能、制件几何形状、制件尺寸大小、模具浇注系统的形式、成型所用的注塑方式和其他工艺条件等因素决定。

冷却时间指保压结束到开启模具所经历的时间。冷却时间的长短受熔体温度、模具温度、脱模温度和冷却剂温度等因素的影响。在保证取得较好制件质量的前提下,应当尽量缩短冷却时间的大小,否则会延长制件成型周期,降低生产效率,还可能造成具有复杂几何形状的制件脱模困难。

开模时间为模具开启取出制件到下一个成型周期开始的时间。注塑机的自动化程度高、模具复杂度低,则开模时间短;否则,开模时间较长。

6.2 常见注塑制品缺陷及产生原因

下面介绍一些常见塑料制品的质量缺陷以及造成质量缺陷的可能原因。

6.2.1 短射

短射(short shots)是指由于模具模腔填充不完全造成制品不完整的质量缺陷,即熔体在完成填充之前就已经凝结。如图6.3所示。

1. 短射原因

制品出现短射现象可能由以下几个方面的原因造成。

① 流动受限,由于浇注系统设计的不合理导致熔体流动受到限制,流道过早凝结;

② 出现滞流或者制品流程较长,过于复杂;

③ 排气不充分,未能及时排出的气体会产生阻止流体前沿前进的压力,从而导致短射发生;

④ 模具温度或者熔体温度过低,降低了熔体的流动性,导致填充不完全;

⑤ 成型材料不足、注塑机注塑量不足或者螺杆速率过低也会造成短射;

⑥ 注塑机缺陷、入料堵塞或者螺杆前端缺料等,都会造成压力损失和成型材料体积不足,

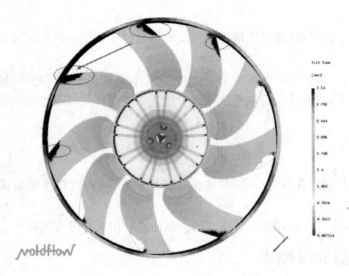

图 6.3 短 射

形成短射。

2. 解决方案

针对上述可能导致短射发生的因素,应当从以下几个方面避免产生短射。

① 避免滞流现象的发生;
② 尽量消除气穴,将气穴放置在容易排气的位置或者利用顶杆(ejection pin)排放气体;
③ 增加模具温度和熔体温度;
④ 增加螺杆速率,螺杆速率的增加会产生更多的剪切热,降低熔体黏性,增加流动性;
⑤ 改进制件设计,使用平衡流道,并尽量减少制件厚度的差异,减少制件流程的复杂程度;
⑥ 更换成型材料,选用具有较小黏性的材料,材料黏性小,易于填充,而且完成填充所要求的注塑压力也会降低;
⑦ 增大注塑压力最大值。

6.2.2 气 穴

气穴是指熔体前沿汇聚而在塑件内部或者模腔表层形成的气泡。气穴的出现有可能导致短射的发生,造成填充不完全和保压不充分,形成最终制件的表面瑕疵,甚至可能由于气体压缩产生热量而出现焦痕(burn mark),如图 6.4 所示。

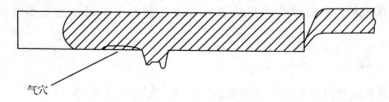

图 6.4 气 穴

1. 气穴成因

① 跑道效应,指在制件薄壁区域充满之前熔体已经完成了对厚壁区域的填充。

② 滞流;

③ 流长不平衡,即使制件厚度均匀,各个方向上的流长也不一定相同,导致气穴产生;

④ 排气不充分,在制件最后填充区域减少排气口或者排气口不足是引起气穴形成的最常见原因。

2. 解决方案

① 平衡流长;

② 避免滞流和跑道效应的出现,对浇注系统作修改,从而使制件最后填充位置位于容易排气的区域;

③ 充分排气,将气穴放置在容易排气的位置或者利用顶杆排放气体。

6.2.3 熔接痕和熔接线

当两个或多个流动前沿融合时,会形成熔接痕和熔接线。两者的区别在于融合流动前沿夹角的大小。若夹角大于 135°,则形成熔接线;若夹角小于 135°,则形成熔接痕。如图 6.5 所示。

熔接线位置上的分子趋向变化强烈,因此该位置的机械强度明显减弱。熔接痕要比熔接线的强度大,视觉上的缺陷也不如熔接线明显。熔接痕和熔接线出现的部位还有可能出现凹陷、色差等质量缺陷。

1. 熔接线和熔接痕成因

由于制件的几何形状,填充过程中出现两个或两个以上流动前沿时,很容易形成熔接痕或者熔接线。

2. 解决方案

① 增加模具温度和熔体温度,使两个相遇的熔体前沿融合得更好;

图 6.5 表面熔接痕

② 增加螺杆速率;

③ 改进浇注系统的设计,在保持熔体流动速率的前提下减小流道尺寸,以产生摩擦热。

如果不能消除熔接线和熔接痕,那么应使其位于制件较不敏感的区域,以防止影响制件的机械性能和外观质量。通过改变浇口位置或者改变制件壁厚可以改变熔接线和熔接痕的位置。

6.2.4 滞 流

滞流是指某个流动路径上的流动变缓甚至停止。如图 6.6 所示。

1. 滞流成因

如果流动路径上出现壁厚差异,熔体会选择阻力较小的厚壁区域首先填充,这会造成薄壁区域填充缓慢或者停止填充,一旦熔体流动变缓,冷却速度就会加快,黏度增大,从而使流动更

图 6.6 滞 流

加缓慢,形成循环。滞流通常出现在筋和制件上与其他区域存在较大厚度差异的薄壁区域等地方。

滞流会产生制件表面变化,导致保压效果低劣,高应力和分子趋向不均匀,降低制件质量。如果滞流的熔体前沿完全冷却,那么成型缺陷就由滞流变为短射。

2. 解决方案

① 浇口位置远离可能发生滞流的区域;尽量使容易发生滞流的区域成为最后填充区域;
② 增加容易发生滞流区域的壁厚,从而减小其对熔体流动的阻力;
③ 选用黏度较小的成型材料;
④ 增加注塑速率以减小滞流时间;
⑤ 增大熔体温度,使熔体更容易进入滞流区域。

6.2.5 飞 边

飞边是指在分型面或者顶杆部位从模具模腔溢出的一薄层材料。飞边仍然和制件相连,通常需要手工清除。

1. 飞边成因

① 模具分型面闭合性差,模具变形或者存在阻塞物;
② 锁模力过小,锁模力必须大于模具模腔内的压力,才能有效保证模具闭合;
③ 过保压;
④ 成型条件有待优化,如成型材料黏度、注塑速率和浇注系统条件不足等;
⑤ 排气位置不当。

2. 解决方案

① 确保模具分型面能很好地闭合;
② 避免保压过度;
③ 选择具有较大锁模力的注塑机;
④ 设置合适的排气位置;
⑤ 优化成型条件。

6.2.6 跑道效应

跑道效应是指在制件薄壁区域充满之前熔体已经完成了对厚壁区域的填充。图 6.7 所示为跑道效应示意图。

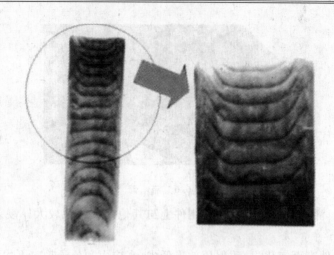

图 6.7 跑道效应

1. 跑道效应成因

跑道效应是典型的流动不平衡现象,会产生气穴和熔接线。

2. 解决方案

从产品设计的角度来讲,壁厚的差异有时是不可避免的,为了防止出现跑道效应,应当尽量使模腔内的流动平衡,即熔体在同一时间完成对模腔内各区域的填充。可以通过改变浇口位置或者采用多浇口的浇注系统实现平衡流动。

6.2.7 过保压

过保压是指当一个流程还在填充的时候,另一个流程已经开始压实填充过多的材料。

1. 过保压成因

当制件最容易填满的流程完成填充后,这个区域就会出现过保压现象。此时由于其他流程还未完成填充,注塑压力会继续将熔体向这个已经填满的区域推进,从而形成高密度高应力区域。形成过保压的主要原因是流动不平衡。

2. 解决方案

① 建立平衡的流动;
② 选择适当的浇口位置使各个方向的流长尽量相等;
③ 去掉不必要的浇口。

6.2.8 色 差

色差是指由于成型材料颜色发生变化而出现的制件色泽缺陷。

1. 色差原因

通常是由材料降解引起的。过大的注塑速率、过高的熔体温度以及不合理的螺杆和浇注系统设计都会引起材料降解。

2. 解决方案

① 优化浇注系统的设计;
② 修改螺杆设计;

③ 选用较小注塑量的注塑机；
④ 优化熔体温度；
⑤ 优化背压、螺杆旋转速率和注塑速度；
⑥ 设置合理的排气位置。

6.2.9 喷射

当熔体以高注塑速率经过流动受限的区域如喷嘴、浇口，进入面积较大的厚壁模腔时，会形成蛇形喷射流。喷射会降低制件的质量，形成表面缺陷，同时造成多种内部缺陷。

1. 喷射成因
① 螺杆速率过高；
② 浇口位置不合理，熔体与模具接触性差，容易导致喷射发生；
③ 浇注系统设计不合理。

2. 解决方案
① 优化浇口位置和浇口类型，改进浇口类型以降低熔体剪切速率和剪切应力；
② 优化螺杆速率曲线。

6.2.10 不平衡流动

不平衡流动指在其他流程还未填满之前，某些流程已经完全充满。平衡流动是指模具的末端在同一时间完成填充。

1. 不平衡流动原因
流长不平衡以及制件壁厚的差异都可能引起流动不平衡。
不平衡流动可能导致产生许多成型问题，如飞边、短射、制件密度不均匀、气穴和产生过多熔接线等。因此，制件成型的流动模式一定要平衡。

2. 解决方案
① 通过增加或减小区域厚度来增强或减缓某个方向上的流动，从而获得平衡流动；
② 优化浇口位置。

塑料成型过程中各个参数之间相互影响，因此单纯解决一个成型问题有可能引发其他的成型问题出现，所以解决成型问题时应该兼顾成型质量整体的优劣。

6.3 注塑模 CAE 技术

6.3.1 注塑模 CAE 的内容

在塑料件成型过程中，塑料材料在型腔中的流动和成型与材料性能、制品的形状尺寸、成型温度、成型速度、成型压力、成型时间、型腔表面情况和模具设计等一系列因素有关。因此，对于新产品的试制或是一些形状复杂、质量和精度要求较高的产品，即使是具有丰富经验的工艺和模具设计人员，也很难保证一次成功地设计出合格的模具。所以，在模具基本设计完成之后，可以通过注塑成型分析，发现设计中存在的缺陷，从而保证模具设计的合理性，提高模具的一次试模成功率，降低企业生产成本。

注塑成型 CAE 分析可为模具设计和制造提供可靠、优化的参考数据，其中主要内容包括：
① 浇注系统的平衡，浇口的数量、位置和大小；
② 熔接痕的位置预测；
③ 型腔内部的温度变化；
④ 注塑过程中的注射压力和熔融料体在填充过程中的压力损失；
⑤ 熔融料体的温度变化；
⑥ 剪切应力、剪切速率。

6.3.2 注塑模 CAE 技术的原则

根据注塑成型的 CAE 分析结果，就可以判断模具及其浇注系统的设计是否合理，其中的一些基本原则如下：
① 各流道的压差要比较小，压力损失要基本一致；
② 整个浇注系统要基本平衡，即保证熔融料体要同时到达，同时填充型腔；
③ 型腔要基本同时填充完毕；
④ 填充时间要尽可能短，总体注射压力要小，压力损失也要小；
⑤ 填充结束时熔融料体的温度梯度不大；
⑥ 熔接痕和气穴位置合理，不影响产品质量。

6.3.3 注塑成型模拟技术

注塑成型模拟技术是一种专业化的有限元分析技术，它可以模拟热塑性塑料注射成型过程中的填充、保压以及冷却阶段。它通过预测塑料熔体在流道、浇口和型腔中的流动过程，计算浇注系统及型腔的压力场、温度场、速度场、剪切应变速率场和剪切应力场的分布，从而可以优化浇口数目、浇口位置和注射成型工艺参数，预测所需的注射压力和锁模力，并发现可能出现的短射、烧焦、不合理的熔接痕位置和气穴等缺陷。

随着塑料行业的不断发展，塑料制品复杂程度和对塑料制品质量要求的不断提高，注塑成型模拟技术经历了中面模型、表面模型和三维实体模型 3 个发展阶段。

1. 中面模型技术

中面模型技术是最早出现的注塑成型模拟技术。基于中面模型的注塑成型模拟技术能够成功地预测充模过程中的压力场、速度场、温度分布和熔接痕位置等信息，具有以下一些优点：
① 技术原理简明，容易理解；
② 网格划分结果简单，单元数量少；
③ 计算量较小，即算即得。

但在中面模型技术中，由于考虑到产品的厚度远小于其他两个方向即流动方向的尺寸，塑料熔体的黏度较大，将熔体的充模流动视为扩展层流，忽略了熔体在厚度方向的速度分量，并假定熔体中的压力不沿厚度方向变化，因此它产生的信息是有限的、不完整的。

2. 表面模型技术

表面模型技术是指模具型腔或制品在厚度方向上分成两部分，它不是在中面，而是在型腔或制品的表面产生有限元网格。在流动过程的计算中，上下两表面的塑料熔体同时并且协调地流动,将沿中面流动的单股熔体演变为沿上下表面协调流动的双股流。但此方法对网格划分提出了较高要求,上下网格的匹配率要大于85%才被认为是较好的网格划分结果,而低于50%的匹配率往往导致流动分析的失败。

虽然,从中面模型技术跨入表面模型技术是一个巨大的进步,并且得到了广大用户的支持和好评,但是,该技术仍然存在着一些缺点:

① 分析数据不完整;

② 无法准确解决复杂问题。随着塑料成型工艺的进步,塑料制品的结构越来越复杂,壁厚差异越来越大,物理量在壁厚方向上的变化变得不容忽视;

③ 真实感缺乏。熔体仅仅沿着制品的上下表面流动,与实际情况仍有一定差距。

3. 三维实体模型技术

三维实体模型技术是基于四面体的有限元体积网格解决方案技术,可以对厚壁产品和厚度变化较大的产品进行真实的三维模拟分析。

但与中面模型或表面模型相比,由于实体模型考虑了熔体在厚度方向上的速度分量,所以其求解过程复杂得多,计算量大和计算时间过长,这是基于实体模型的注塑流动分析目前所存在的最大问题。

三种注塑成型分析技术,在技术特点上各有千秋。在实际工程应用中,要对制品的情况有一个合理的认识,要认清问题的关键所在,从而采用最为合适的分析技术,利用最少的成本,得到相对满意的分析结果。

6.4 MoldFlow 软件简介

6.4.1 MoldFlow 软件功能

MoldFlow 软件是美国 MOLDFLOW 公司的产品,该公司自 1976 年发行了世界上第一套塑料注塑成型流动分析软件以来,一直主导塑料成型 CAE 软件市场。近几年,在汽车、家电、电子通信、化工和日用品等领域得到了广泛的应用。2009 年被 Autodesk 公司收购。

MoldFlow 软件包括 3 部分。

1. MlodFlow Plastics Advisers(产品优化顾问,简称 MPA)

塑料产品设计师在设计完产品后,运用 MPA 软件模拟分析,在很短的时间里,就可以得到优化的产品设计方案,并确认产品表面质量。

2. MoldFlow Plastics Insight(注塑成型模拟分析,简称 MPI)

对塑料产品和模具进行深入分析的软件包,它可以用计算机对整个注塑过程进行模拟分析,包括填充、保压、冷却、翘曲、纤维取向、结构应力和收缩,以及气体辅助成型分析等,使模具设计师在设计阶段就找出未来产品可能出现的缺陷,提高一次试模的成功率。

MPI 软件的包括 11 种主要模块。

① 模型输入与修复模块:MPI 有三种分析方法:基于中心面的分析、基于表面的分析与三维分析。中心面既可运用 MPI 软件的造型功能完成,也可以从其他 CAD 模型中抽取,再进行编辑;表面分析模型与三维分析模型直接读取其他 CAD 模型,如快速成型格式(STL)、IGES、STEP、Pro/E 模型和 UG 模型等。输入模型后软件提供了多种修复工具,以生成既能得到准

确结果，又能减少分析时间的网格。

② 塑料材料与注塑机数据库模块：材料数据库包含了超过 4 000 种塑料材料的详细数据，注塑机数据库包含了 290 种商用注塑机的运行参数，而且这两个数据库对用户是完全开放的。

③ 流动分析模块：分析塑料在模具中的流动，并且优化模腔的布局、材料的选择、填充和保压的工艺参数。

④ 冷却分析模块：分析冷却系统对流动过程的影响，优化冷却管道的布局和工作条件，与流动分析相结合，可以得到完美的动态注塑过程。

⑤ 翘曲分析模块：分析整个塑件的翘曲变形，包括线形、线形弯曲和非线形，同时指出产生翘曲的主要原因以及相应的改进措施。

⑥ 纤维填充取向分析模块：塑件纤维取向对采取纤维化塑料的塑件性能（如拉伸强度）有重要的影响。MPI 软件使用一系列集成的分析工具来优化和预测整个注塑过程的纤维取向，使其分布合理，从而有效地提高该类型塑件的性能。

⑦ 优化注塑工艺参数模块：根据给定的模具、注塑机和塑件材料等参数以及流动分析结果自动产生控制注塑机的填充保压曲线，从而免除了在试模时对注塑机参数的反复调试。

⑧ 结构应力分析模块：分析塑件在受外界载荷情况下的机械性能，在考虑注塑工艺的条件下，优化塑件的强度和刚度。

⑨ 确定合理的塑料收缩率模块：MPI 通过流动分析结果确定合理的塑件收缩率，保证模腔的尺寸在允许的公差范围内，从而减少塑件废品率，提高产品质量。

⑩ 气体辅助成型分析模块：模拟气体辅助注塑成型过程，对整个成型过程进行优化。

⑪ 特殊注塑成型过程分析模块：MPI 可以模拟共注塑、反应注塑、微芯片封装等特殊的注塑成型过程，并对其进行优化。

3. MlodFlow Plastics Xpert（注塑成型过程控制专家，简称 MPX）

集软硬件为一体的注塑成型品质控制专家，可以直接与注塑机控制器相连，可进行工艺优化和质量监控，自动化注塑周期，降低废品率及监控整个生产过程。

MPX 是专门为优化注塑生产过程而设计的。MPX 提供非常实用的功能如自动试模、工艺优化、制件质量的自动监控和调整。它用系统化的技术取代了传统的试模并消除了因生产条件的不稳定而导致的废品。

MPX 直接与注塑机控制器相连，进行工艺优化和监控，满足注塑生产的要求。现在工艺工程师和试模人员可以系统化地进行试模，找到一个优化工艺条件窗口并实现生产过程的实时监控。MPX 提供给注塑机操作人员一个简单直观的界面。不必针对不同的注塑机对操作人员进行培训。MPX 提供实时反馈实现及时的手工或自动工艺调整。MPX 使注塑生产商大大减少试模时间，使整个注塑生产周期更优化、更高效。

MPX 有以下 3 个模块。

① Setup Xpert（试模专家）：试模专家可以将多种参数设置或 CAE 分析结果作为初始值，不受操作者和地点的影响。试模专家自动优化注塑参数，并充分发挥注塑机的性能。无需操作者对不同的注塑机性能具有深入的了解。

② Moldspace Xpert（工艺专家）：工艺专家建立一个稳态的可以获得合格制件加工条件窗口。通过使用工艺专家，过去需要经过几小时试验才能获得的结果，现在仅需几分钟即可自动

完成。操作坐标点根据反馈自动调整。通过确认一个稳态的加工条件窗口,大大减少了废品率、提高了注塑机利用率。

③ Production Xpert(注塑专家):与一般的统计控制系统不同,注塑专家系统将注塑过程的监控参数图形化,并自动确定质量控制极限。注塑专家自动发现问题并提出调整建议,或自动进行必要的调整。

MPX 能确保注塑厂商的竞争优势,因为它能进行快捷、高效地试模,自动优化注塑周期,降低废品率和自动进行过程调控。

6.4.2 MoldFlow 软件的作用

MoldFlow 软件在注塑模具设计中的作用主要体现在以下几个方面。

1. 优化塑件制品

运用 MoldFlow 软件,可以得到制品的实际最小壁厚,优化制品结构,降低材料成本,缩短生产周期,保证制品能全部充满。

2. 优化模具结构

运用 MoldFlow 软件,可以得到最佳的浇口数量和位置,合理的流道系统与冷却系统,并对型腔尺寸、浇口尺寸、流道尺寸和冷却系统尺寸进行优化,在计算机上进行试模、修模,大大提高模具质量,减少修模次数。

3. 优化注塑工艺参数

运用 MoldFlow 软件,可以确定最佳的注塑压力、保压压力、锁模力、模具温度、熔体温度、注塑时间、保压时间和冷却时间,以注塑出最佳的塑料制品。

6.5 MoldFlow 分析实例

本节结合一个话机的实例介绍 MPI 中的 Cool+Flow+Warp 分析的基本流程及其相关内容,同时进行相关计算结果的分析,并找出产品产生缺陷的原因,提出改进意见。

在 MPI 分析处理过程中,主要包括以下一些工作和内容,它们与 MPI 窗口中的 Study Tasks 内容相对应,如图 6.8 所示(图中打勾部分表示已经完成的任务)。

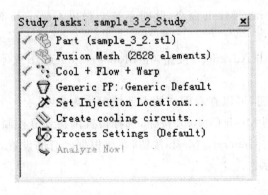

图 6.8 Study Tasks 窗口

前期处理的最终目标是创建如图 6.9 所示的包括浇注系统和冷却系统在内的模型网格划分和网格修复的整体模型。

1. 项目的创建及模型导入

在 MPI 的分析中,首先需要创建一个项目,用于包含整个分析过程。创建项目的操作步骤如下。

① 创建一个新项目:选择 File|New Project,如图 6.10 所示。

图 6.9 完整的分析模型

② 导入话机模型:项目创建后,项目管理视窗中将显示新建项目名称 project phone,单击 project phone,在弹出的快捷菜单中选择 Import,接着将导入被分析产品——话机的 STL 模型,导入的话机模型如图 6.11 所示。

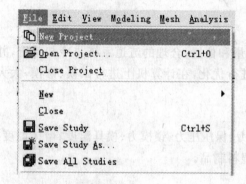

图 6.10 选择 File | New Project 命令

图 6.11 话机模型

2. 模型的网格划分

被分析模型的网格划分和修改是 MPI 分析前处理中最为重要的,同时也是最为复杂和繁琐的环节,这与其他内容的有限元分析是一致的。并且,网格划分是否合理将直接影响到产品的最终分析结果的精确度。

网格划分的操作步骤如下。

① 选择 Mesh|Generate Mesh 命令,此时系统会弹出 Generate Mesh("网格划分")对话框,如图 6.12 所示。

② 在该对话框中单击 Advanced 按钮,在 Global edge length 文本框中填入所希望的网格大小。

③ 单击 Preview 按钮,可以查看网格的大致情况作为参考。

④ 单击图 6.12 中的 Mesh Control 按钮,选择设置网格划分控制参数,如图 6.13 所示。

⑤ 单击图 6.12 中的 Generate Mesh 按钮,系统根据已有的设置,自动完成网格划分和匹配,其结果如图 6.14 所示。

3. 网格缺陷的修改

在 MPI 中,系统自动生成的网格可能存在或多或少的缺陷,网格的缺陷不仅可能对计算结果的正确性和准确性产生影响,而且在一些网格缺陷比较严重的情况下,会导致计算根本无

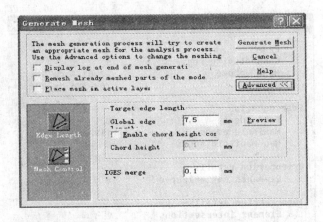

图 6.12 Generate Mesh 对话框

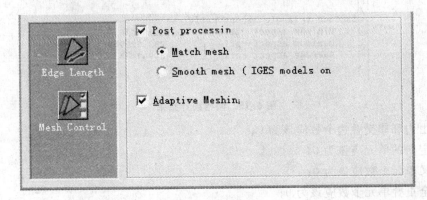

图 6.13 网格划分控制选项

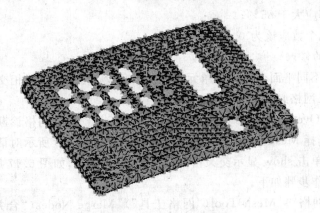

图 6.14 网格划分结果

法进行。所以这就需要对网格缺陷进行修改,其修改内容如下。

(1) 网格状态的统计

在修改之前,首先需要对网格状态进行统计,再根据统计结果对现有网格缺陷进行修改。选择 Mesh|Mesh Statistics 命令,网格统计结果会以窗口形式弹出,如图 6.15 所示。

网格信息必须满足以下一些原则:

· 联通域的个数必须为 1;

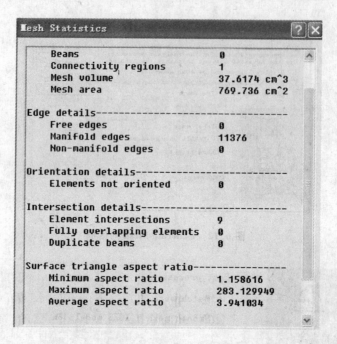

图 6.15 网格统计结果

- 自由边和非交叠边个数应该为 0；
- 未定向的单元应该为 0；
- 交叉单元个数应该为 0；
- 完全重叠单元个数应该为 0；
- 单元纵横比视具体情况而定，一般在 10~20；
- 网格匹配率应大于 85%；
- 零面积单元个数应该为 0。

（2）交叉单元的修改

交叉网格是指不同平面上的网格单元相互从内部交叉的情况，即相交部分如果不是三角形单元的某边，交叉网格必须全部除去。

首先可以利用 Overlapping Elements Diagnostic 工具（"重叠网格诊断"）搜索出交叉网格所在三角形单元，选择 Mesh|Overlapping Elements 弹出图 6.16 所示对话框。

在该对话框上单击 show 显示交叉情况，将交叉区域放大，如图 6.17 所示。

网格修复的操作步骤如下。

选择 Mesh（"网格"）|Mesh Tool（"网格工具"）|Merge Nodes（"合并节点命令"），单击 Apply 按钮。其他区域的情况与上述相同。这里不再赘述。

完成重叠单元修改之后，再回到 Overlapping Elements Diagnostic（"重叠网格诊断"）工具对话框，如图 6.18 所示。

（3）网格单元大纵横比的修改

纵横比是指三角形单元的最长边与该边上的三角形的高的比值。

一般情况下，要求三角形单元的纵横比要小于 6，这样才能保证分析结果的精确性，但是在有些情况下并不能满足所有的网格单元的纵横比都达到这个要求，因此在保证网格单元的

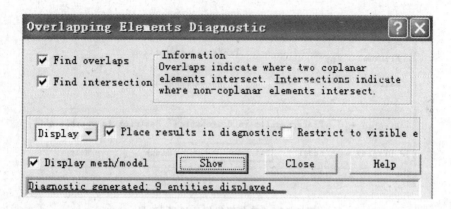

图 6.16 "重叠网格诊断"工具

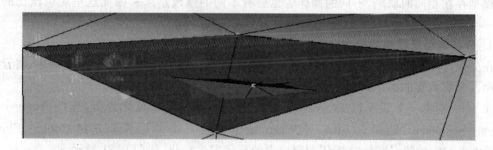

图 6.17 交叉区域

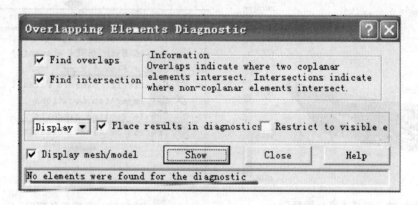

图 6.18 修改后的重叠网格诊断结果

平均纵横比小于 6 的前提下,应尽量降低最大纵横比。

对于大纵横比网格修改,也是在网格诊断工具的帮助下进行的,选择(Mesh)| Aspect Ratio("网格纵横比工具"),则弹出如图 6.19 所示的对话框。

在该对话框的 Minimum 文本框中填入 40,表示网格以最小纵横比显示,而 Maximum 文本框一般不填,这样单击 Show 按钮后,软件会将大于 40 的纵横比网格全显示出来。

若用该对话框的 Display 方式显示诊断网格结果时,系统将用不同的颜色的引出线指出纵横比大小超出指定标准的三角形单元网格,如图 6.20 所示。

通过单击图 6.20 中的引出线,可以选中相应的存在纵横比缺陷的三角形单元。

通过合并节点和移动节点等方法可修改大纵横比。纵横比修改的灵活性很大,即使同一

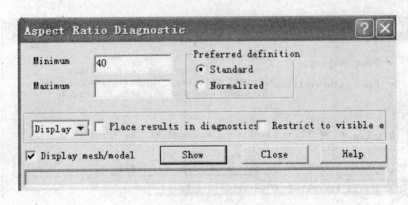

图 6.19 "三角形纵横比诊断"工具

网格模型存在相同的缺陷,不同的操作者也会有不同的修改结果。因此这里对纵横比的修改不再一一赘述。

4. 分析类型及顺序的设置

在完成产品模型的网格划分和网格缺陷修改之后,依照分析任务窗口中的顺序,将设置分析类型及分析内容的次序。

在 MPI 创建一个新项目 Project 后,默认分析类型是 Fill 填充分析,选择 Analysis|Set Analysis Sequence |Cool+Flow+Warp,或者直接双击 Fill 选择 Cool+Flow+Warp,单击 OK 按钮,这时,分析任务窗口中的显示发生变化,如图 6.21 所示。

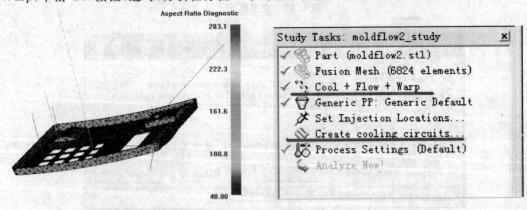

图 6.20 网格横纵比诊断   图 6.21 分析任务窗口

5. 产品注塑原料的选择

在完成了分析类型的设置之后,再来选择并设置产品的注塑原料。本案例采用的材料为 GE 公司的 ABS 材料,其牌号为 Cycolac GPM5500。

材料选择的操作步骤如下:

① 在 Study Tasks("分析任务")窗口中右键单击"材料"一栏,并选择 Select Material 命令。

② 在弹出的对话框中,单击 Search,弹出"搜索条件"对话框,在搜索条件中的"制造商"和"产品牌号"两栏的描述中分别填入 GE 和 Cycolac GPM5500,单击 OK 按钮。

③ 在 Study Tasks("分析任务")窗口中的"材料"一栏正确显示出所选的材料 Cycolac

GPM5500:GE Plastics,如图 6.22 所示。

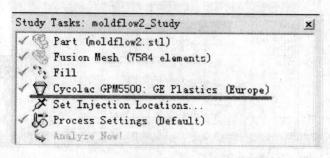

图 6.22 设置材料后的分析任务窗口

6. 浇注系统的建立

浇注系统的作用是将塑料熔体顺利地充满到型腔深处,以获得外形轮廓清晰、内在质量优良的塑料制品。

(1) 潜伏式浇口

浇口在产品中的位置是设计好的,但在划分好的网格模型上,只能选择与事先设计最为相近的点。

① 以节点 N108 为基点偏置复制,间距(4,0,4),选择 molding("建模") | create nodes ("创建节点") | Offset("偏置"),如图 6.23。

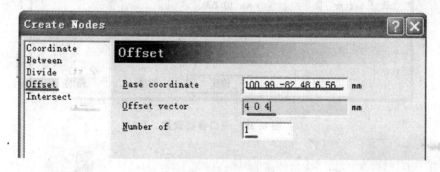

图 6.23 偏置节点

② 在两端点间创建直线,选择 molding | Create curves | Line("创建直线"),分别选择第一个端点和第二个端点,单击 Change 按钮,设置浇口形状属性,如图 6.24 所示。

③ 在图 6.24 中单击 Edit dimension 按钮,弹出 Cross - Sectional Dimensions("浇口参数设置")对话框,如图 6.25 所示。在 start diameter 文本框中输入起始直径 1,在 End diamete 文本框中输入终止直径值 6,最后单击"确定"按钮。

④ 单击 Apply 按钮接受创建直线。

(2) 主流道

主流道的形状为锥形,小口直径为 4 mm,大口直径为 6 mm,长度为 60 mm,其创建方法与潜伏式浇口方法类似,这里不再赘述。其结果如图 6.26 所示。

(3) 浇注系统的网格划分

① 选择 Mesh|Create mesh|advanced("高级"),设置杆单元大小为 1.6 mm,单击 Generate Mesh 按钮,生成如图 6.27 所示的杆单元。

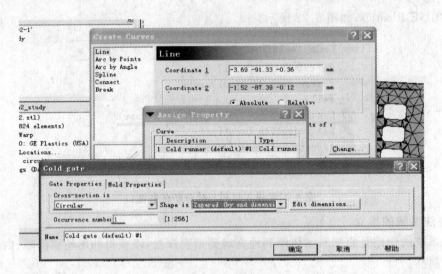

图 6.24 创建直线

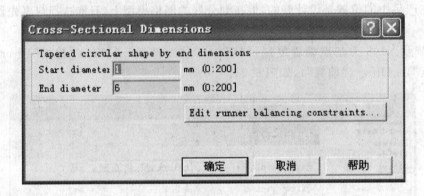

图 6.25 浇口参数设置

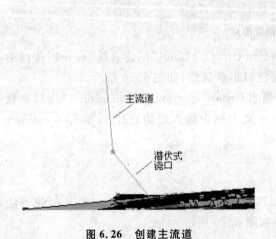

图 6.26 创建主流道

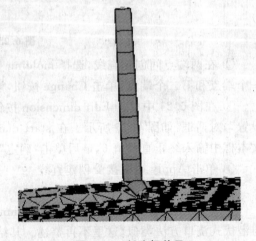

图 6.27 创建杆单元

② 检查浇注系统与产品连通性，选择 Mesh | Connectitvity diagnostic("连通性")命令，弹出 Mesh Connectivity Diagnostic("连通性")对话框，如图 6.28 所示。

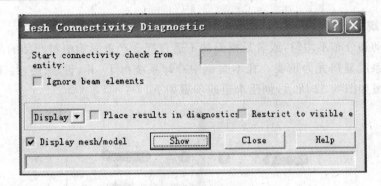

图 6.28 连通性对话框

再选择任意单元作为起始单元,单击 Mesh Connectivity Diagnostic 对话框中的 Show 按钮,得到网格连通性诊断结果,如图 6.29 所示。

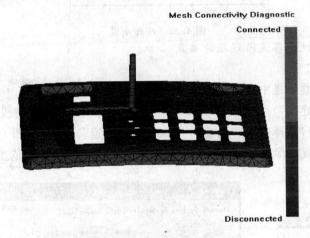

图 6.29 网络连通性诊断结果

(4) 设置进料点位置

其操作步骤如下:

① 在 Study Tasks("分析任务")窗口中,双击 Set Injection Locations 设置进料位置,如图 6.30 所示。

② 单击进料口节点,选择完成后选择 Save 命令保存。

③ Study Tasks("分析任务")窗口中显示进料设置成功,如图 6.31 所示。

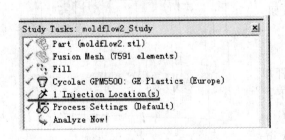

图 6.30 进料位置设置命令

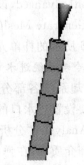

图 6.31 进料口设置

7. 冷却系统的建立

模温的波动和分布不均匀，或者是模温的不适合都会严重影响塑料产品的品质。因此，设计合理的冷却系统显得尤为重要。在本案例中冷却系统由Ⅰ、Ⅱ、Ⅲ三层，共12条冷却水道组成。设计方案如图6.32所示，创建水道的步骤如下。

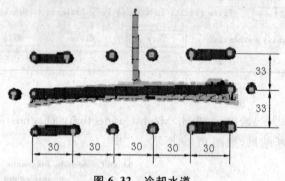

图 6.32　冷却水道

（1）创建冷却系统中各流道线段的端点

其尺寸如图6.32所示。

（2）在节点间创建水道中心线

选择 Molding("建模")|Create curves("创建曲线")|Line("创建直线")，分别选择两个端点，单击 Change 按钮，选择 new("新建")|Channel("水道")命令，如图6.33所示，在弹出的 Channel 对话框中设置冷却水道的各项属性及参数，如图6.34所示。依次完成后最终效果如图6.35所示。

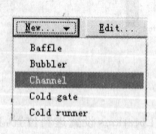

图 6.33　创建水道

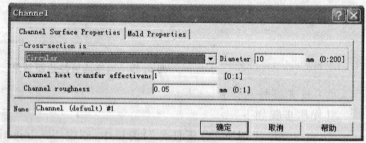

图 6.34　设置水道参数

（3）划分冷却系统的网格

选择 Mesh|advanced，设置杆单元格大小为10 mm，单击 Generate Mesh("生成网格")按钮，生成如图6.36所示的杆单元网格。

（4）设置冷却系统进水口

在完成冷却系统各部分的建模和网格杆单元划分之后，要设置进水口的位置。方法如下：

① 选择 Analysis("分析") | Set coolent inlets("设置冷却介质")，在弹出的 Set coolent inlet 对话框中单击 New 按钮，弹出图6.37所示

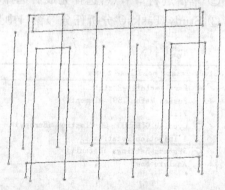

图 6.35　完成的水道

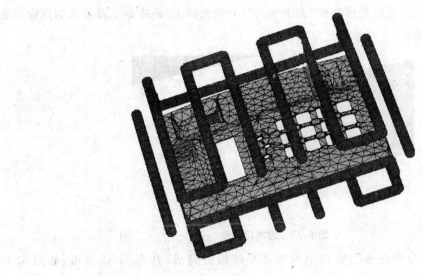

图 6.36　冷却系统网格

Coolant inlet 对话框,参数设置如图所示。

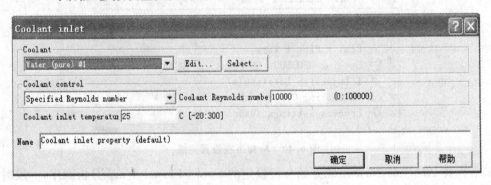

图 6.37　冷却系统进水口设置

② 单击 Edit 按钮,弹出图 6.38 所示 Coolant 对话框,选择 Properties 选项卡进行参数设置,具体设置参数如图所示。

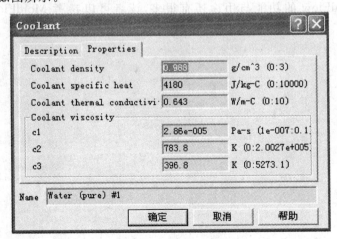

图 6.38　参数设置

③ 单击"确定"按钮，此时光标变成"大十字叉"，分别选择 12 条冷却水道端部的点设定进水口位置，如图 6.39 所示。

图 6.39　进水口外形

④ Study Taks("分析任务")窗口显示冷却系统设置完成，共有 12 条水道，如图 6.40 所示。

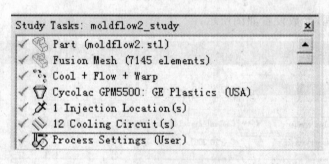

图 6.40　冷却系统设置完成

最后选择 Analysis Now 系统开始分析设定的 Cool＋Flow＋Warp 分析顺序，一段时间以后系统显示 Analysis Complete(分析完成)。

本章主要讲解了注塑成型中的工艺参数、常见的缺陷及其产生原因和解决方法。简单介绍了模流分析软件 MoldFlow，通过话机的成型分析过程，介绍了 MoldFlow 软件的基本功能和使用方法。MoldFlow 的功能与用途还有很多，读者可以参考 MoldFlow 相关资料进行学习。

第7章 冲压模具 CAE 技术

材料加工过程数值模拟技术在工业发达国家已进入应用和普及的阶段,它给材料加工工艺设计和工装模具设计带来了革命性的变化。设计人员通过计算机模拟能及时预测加工过程中可能出现的各种问题,从而及时修改设计,这就为工艺优化、并行工程和虚拟制造等现代设计方法奠定了科学的基础。

本章将对塑性成形模拟软件做一个初步介绍,并通过模拟分析实例,说明成形过程模拟的步骤、方法和作用。最后简单地说明塑性成形模拟的注意事项。

7.1 概 述

金属塑性成形是利用金属的塑性,通过模具(或工具)使简单形状的毛坯成形为所需工件的技术。在塑性成形中,材料的塑性变形规律、模具与工件之间的摩擦现象、材料中温度和微观组织的变化及其对制件质量的影响等,都是十分复杂的问题。这使得塑性成形工艺和模具设计缺乏系统的、精确的理论分析手段,而是主要依据工程师长期积累的经验。对于复杂的成形工艺和模具,设计质量难以得到保证。一些关键性的设计参数要在模具制造出来之后,通过反复的调试、修改才能确定。这样浪费了大量的人力、物力和时间。借助于数值模拟方法,能使工程师在工艺和模具设计阶段预测成形过程中工件的变形规律和模具的受力状况,以较小的代价、较短的时间找到最优的或可行的设计。塑性成形过程的数值模拟技术是使模具设计实现智能化的关键技术之一,它为模具的并行设计提供了必要的支撑,应用它能降低成本、提高质量、缩短产品交货期。

7.1.1 CAE 技术在冲压模具设计中所能解决的问题

冲压成形的原理,在于使坯料按一定方式产生永久性的塑性变形,从而获得所需形状和尺寸的零件。这一过程的实现是通过模具对工件的法向接触力和切向摩擦力来完成的。因此冲压成形过程包含了非常复杂的物理现象,概括起来它涉及力学中的三大非线性问题:

① 几何非线性　冲压中板料产生大位移、大转动和大变形;
② 物理非线性　又称材料非线性,指材料在冲压中产生的弹塑性变形;
③ 边界非线性　指模具与工件产生的接触摩擦引起的非线性关系。

这些非线性现象的综合加上不规则的工件形状使得冲压成形过程的计算非常棘手,是传统方法无法解决的问题。

模具 CAE 技术是从冲压成形过程的实际物理规律出发,借助计算机真实地反映模具与板料相互作用关系以及板料实际变形的全过程,这就决定了冲压成形过程的计算机仿真技术可以用来观察板料实际变形过程和发生的一些特定现象,或用来计算与板料实际变形过程有关的任一特定几何量或物理量,如预测起皱、拉裂;计算毛坯尺寸、压边力和工件回弹;优化润滑方案;估计模具磨损等。这为冲压模具和冲压工艺设计提供了十分有用的工具,为缩短模具开发周期,提高模具及冲压件的品质和寿命创造了条件。

7.1.2 计算机仿真技术在冲压模具设计中的应用

1. 拉裂的预测与消除

破裂是拉深失稳在薄板冲压成形中的主要表现,是由于局部拉应力过大引起的。在板料成形过程中,随着变形的发展,材料的承载面积不断缩减,其应变强化效应也不断增加。当应变强化效应的增加能够补偿承载面积缩减时,变形稳定地进行下去;当两者恰好相等时,变形处于临界状态;当应变强化效应的增加不能补偿承载面积缩减,并越过了临界状态时,板料的变形将首先发生在承载能力弱的位置,继而发展成为细颈,最终导致板料破裂。无论是微观裂纹还是明显拉裂都将导致产品报废。采用数值模拟能够准确地计算材料在冲压成形中的流动情况,从而准确地得到应变分布和板料壁厚减薄情况,为拉裂的判定提供了依据。

2. 起皱的预测与消除

起皱是板料成形中另一种常见的缺陷,它的产生原因正好与拉裂相反,是由于局部压应力过大引起薄板失稳所致。起皱虽然不像拉裂那样削弱零件的强度和刚度,但它影响零件的精度和美观性。如果在中间工序发生起皱还可能影响下一道工序的正常进行。消除起皱最直观的办法是增加起皱处的法向接触力,但这有导致其他部位被拉裂的危险,因此,消除零件的起皱同样要求准确预测材料的流动情况。当计算机仿真结果显示有起皱现象时,就必须对原有的工艺方案甚至模具做一定的修改,然后再进行仿真。这样一个修改、仿真的过程重复进行直到起皱完全消失为止。应当指出,当工件发生轻微起皱时,用肉眼是难观察得到的。这时只有通过计算工件的局部失稳数据才能得出起皱是否已经开始的结论。

3. 回弹的预测与补偿

回弹是板料冲压成形过程中不可避免的现象,回弹的存在影响了零件的成形精度,增加了试模和修模的工作量。如何精确地计算出模具卸载后工件的回弹量是非常复杂的问题,这在传统的冲压成形设计方法中无法解决的。利用计算机数值模拟技术,为冲压件回弹量的计算提供了有效的工具。

7.2 冲压成形过程模拟软件简介

7.2.1 有限元法简介

模具 CAE 采用的计算方法很多,大体上可以分为解析法和数值解法两大类。解析法是一种传统的计算方法,是应用数学分析工具,求解含少量未知数的简单数学模型。对于较复杂的问题,往往很难求解。数值解法是在力学模型基础上,将连续体简化为由有限个单元组成的离散化模型,对离散模型求出数值解答。这类方法主要有有限元法和边界法两种。通常,在模具 CAE 中,人们常常提到的优化分析与模拟往往是采用有限元方法对模具工作状况进行分析预测以及反复修改以达到最优效果的分析过程。

有限单元法就是把连续体离散化,分成数目有限的小块,组成多个单元的集合体以代替原来的连续体;又在节点上引进等效力以代替实际作用于单元上的外力。其次,对每个单元根据分块近似的思想,选择一个简单的函数来近似地表示其位移分量的分布规律,并按弹、塑性理论中的变分原理建立节点单元力和位移之间的关系。最后把所有单元的这种特性关系集合起来,就得到一组以节点位移为未知量的代数方程组,由这个方程组就可以求出物体上有限个离散节点上的位移分量。其基本思想就是将连续的求解区域离散为一组有限个且按一定方式互相连接在一起的单元的组合体,它使一个连续的无限自由度问题变成了离散的有限自由度的问题,使问题简化为适合于数值解法的结构型问题。

有限元分析是针对原问题的离散模型进行的,分析结果精确程度与模型反映原问题的准确性密切相关。所建立的模型必须能反映我们所关心问题的所有特性,同时又要尽量简化以避免不必要地浪费计算资源和增加问题的复杂程度。力学模型的优劣取决于分析人员的经验和知识。塑性成形过程的数值模拟可以大致分为建立几何模型、建立有限元模型、给定边界条件、求解计算和后处理几个步骤。

7.2.2 有限单元法分析过程概述

推导有限元公式系统的方法有直接法、变分法和加权残数法三种。其中,直接法是最易于理解的一种。现介绍直接法建立有限元方程的一般解法。

1. 结构离散化(划分有限单元)

结构离散化就是将结构分成有限个小的单元体,单元与单元、单元与边界之间通过节点连接。首先要选择单元的类型,这包括单元形状、单元节点数与节点自由度数等几方面的内容。一般情况下,网格数量越多,计算结果越精确,但是计算效率降低,计算成本增加。所以,划分单元时,要综合考虑计算精确性和计算效率这两个因素来确定合适的单元数量。CAE分析时,网格划分的基本原则是应力应变变化平缓的区域不必要细分网格,在边界曲折处和应力应变变化比较大的区域应加密网格;结构中的一些特殊界面和特殊点应分为网格边界或节点;划分的单元形态应尽可能接近相应的正多边形或正多面体,如三角形单元的三边应尽量接近,且不易出现钝角,矩形单元长度不宜相差过大;单元节点应与相邻单元节点相连接,不能置于相邻单元的边界上;同一单元由同一种材料构成;网格划分尽可能有规律,以利于计算机自动生成网格。

2. 选择单元的位移函数模式

位移法分析结构首先要求解的是位移场。要在整个结构建立位移的统一数学表达式往往是困难的甚至是不可能的。结构离散化成单元的集合体后,对于单个的单元,可以遵循某些基本原则,用较之以整体为对象时简单得多的方法设定一个简单的函数为位移的近似函数,称为位移函数。位移函数一般取为多项式形式,有广义坐标法与插值法两种设定途径,殊途同归,最终都整理为单元节点位移的插值函数。

3. 单元分析——建立节点内力与节点位移的关系

(1) 单元应变矩阵 $[B]$

单元应变矩阵反映出单元节点位移与单元应变之间的转换关系,由几何学条件导出。

(2) 单元应力矩阵 $[S]$

单元应力矩阵反映出单元节点位移与单元应力之间的转换关系,由物理学条件导出。

(3) 单元刚度矩阵 $[K]$

单元刚度矩阵反映出单元节点位移与单元节点力之间的转换关系,由节点的平衡条件导出,所得到的转换关系式称为单元刚度方程。

4. 外载荷移置

结构离散化后，单元之间通过节点传递力。所以有限单元法在结构分析中只采用节点载荷。所有作用在单元上的集中力、体积力与表面力都必须等效地移置到节点上去，形成等效节点载荷，最后，将所有节点载荷按照整体节点编码顺序组集成整体节点载荷向量。

5. 建立有限元方程

根据每一个节点上内力与外力的平衡方程，建立整体节点位移向量与整体节点载荷向量之间的转换关系，这个转换关系就是整体刚度矩阵。整体刚度矩阵即是所有的单元刚度矩阵按照一定规律总成的矩阵。

6. 求解方程组

引进边界约束条件，求解上一步建立的平衡方程即刚度矩阵方程，求出节点位移分量（位移法有限元分析的基本未知量）。根据求得的未知量，根据第 3 步的转换关系，即可求得单元节点的应力、应变。

7.2.3 常用软件介绍

模具 CAE 常用的软件很多，典型的有 DynaForm、PAM-SYSTEM 和 AutoForm 等。

1. DynaForm 简介

DynaForm 是由美国 Engineering Technology Associates（ETA）公司开发的一款基于 LS-DYNA 的板料成形模拟软件包。作为一款专业的 CAE 软件，它主要应用于板料成形工业中模具的设计和开发，可以帮助模具设计人员显著减少模具开发设计时间和试模周期，不但具有良好的易用性，而且包括了大量的职能化工具，可方便地求解各类板料成形问题。同时，DynaForm 也最大限度地发挥了传统 CAE 技术的作用，减少了产品开发的成本和周期。

DynaForm 采用 Livermore 软件公司（LSTC）开发提供的 LS-DYNA 求解器。LS-DYNA 作为世界上最著名的通用显示动力分析程序，能够模拟出真实世界的各种问题，特别适合求解各种非线性的高速碰撞、爆炸和金属成形等非线性动力冲击问题。

在板料成形过程中，一般来说模具开发周期的瓶颈往往是对模具设计的周期很难把握。然而，DynaForm 恰恰解决了这个问题，它能够对整个模具开发过程进行模拟，因此也就大大减少了模具的调试时间，降低了生产高质量覆盖件和其他冲压件的成本，并且能够有效地模拟模具成形过程中 4 个主要工艺过程，包括：压边、拉延、回弹和多工步成形。

DynaForm 具有良好的工具表面数据特征，因此可以较好地预测成形过程中板料的破裂、起皱、减薄、划痕和回弹，评估板料的成形性能，从而为板料成形工艺模具设计提供帮助。

2. PAM-SYSTEM 简介

PAM-SYSTEM 是一个大型的软件化产品，其中包括冲压成形模拟软件 PAM-STAMP，汽车碰撞模拟软件 PAM-CRASH 等。PAM-SYSTEM 是由法国的 Engineering System International（ESI）集团开发的。PAM-SYSTEM 中与冲压有关的软件产品主要是 PAM-STAMP/OPTRIS、PAM-QUIKSTAMP 和 PAM-DIEMARKER。

PAM-SYSTEM 是由相互关联的模拟软件构成的系列化产品，有利于多学科专业和多部门的协同研究开发。PAM-SYSTEM 与冲压有关的主要模块有：

（1）冲压成形快速模拟软件（PAM-QUIKSTAMP） 它包含逆算法（Inverse）和直接法（Direct）两个分析模块。前者不需要模具的几何信息，主要用于产品设计和冲压工艺的初步设计,计算速度极快;后者加入了模具几何信息和工艺参数,可用于对这些参数进行检查和优化,计算速度比前者慢一些。

(2) 优化设计模块(PAM-OPT) 可与 PAM-QUIKSTAMP 结合使用,进行各种工艺参数、模具几何尺寸和材料参数的优化。

(3) 快速模面生成系统(PAM-DIEMARKER) 利用它可生成压料面、工艺补充部分,冲头入口线,选择冲压方向,凸缘宽度等。然后,可以用来对生成的模具型面进行交互式的参数化修改,最后可将设计结果输出到 CAD 系统中。

(4) 增量法冲压成形模拟软件(PAM-STAMP/OPTRIS) 可模拟压边圈夹紧、拉延成形、修边和翻边等各种冲压工艺;可进行回弹分析;还可以模拟液压胀形、吹塑成形、超塑性成形、爆炸成形和橡皮成形等其他成形工艺及模拟拼焊板的成形。

(5) 三维后置处理模块(PAM-VIEW) 可显示云图、动画和时间历史曲线,可多窗口显示,它具有专为冲压成形分析提供的一些功能,如模拟蚀刻圆形网格的变形、材料流动、板坯/工具接触状态、截面可视化(厚度等)、局部应变路径、修边线、模具磨损、成形极限图及各工具的载荷历史曲线等。

3. AutoForm 简介

AutoForm 原来是内瑞士联邦工学院开发的,后来成立了 AutoFormEngineering 公司。AutoForm 采用静力隐式算法求解。其主要模块有:

(1) 网格生成器(AutoForm-Mesher) 可对读入的 IGES 或 VDAFS 格式的曲面自动进行三角网格剖分。

(2) 模具设计模块(AutoForm-DieDesigner) 可自动生成和交互修改压料面、工艺补充部分、拉延筋、凸模入口线、板坯形状等;可选择冲压方向,定义侧向局部成形模具,产生工艺切口,定义重力作用、压边、成形、修边、回弹等工序或工艺过程。

(3) 增量法求解模块(AutoForm-Incremental) 可精确地模拟冲压成形过程。

(4) 逆算法(一步法)求解器(AutoForm-OneStep) 可以快速地得到近似的冲压成形模拟结果,并预测毛坯形状。

(5) 优化计算模块(AutoForm-Optimizer) 以成形极限为目标函数对 1~20 个设计变量(如拉延筋阻力等)进行优化,自动进行迭代计算直至收敛。

AutoForm 能够接受的由其他软件生成的数据文件格式有 IGES、VDAFS、STL 、NASTRAN。AutoForm 的后处理图形可存为位图文件,它的一些结果可以以 IGES、VDAF5 和 NASTRAN 格式输出。

AutoForm 融合了一个有效的开发环境所需的所有模块。其图形用户界面(GUI)经过特殊剪裁更适合于板材成形过程,从前处理到后处理的全过程可以与 CAD 数据自动集成,网格自动自适应划分,所有的技术工艺参数都已设置,设置的过程易于理解且符合工程实际。

AutoForm 的求解器 AutoForm-Incremental 采用基于拉延件的增量算法,目标是对模具和工艺方案进行选择性的模拟,全面讨论模具和工艺设计。它可以模拟整个冲压过程:板料的重力效应、压边圈成形和拉延成形。AutoForm 对模拟结果的分析有以下几点:

① 可以实时地观测计算结果;

② 可以观测应力、应变和厚度分布、材料流动状况,可以计算工具应力、冲压力;

③ 可以实现材料标记、法向位移的标识,可以生成对破裂、起皱和回弹失效进行判定的成

形质量图以及成形极限图；还可以进行动画显示和切面分析。

7.3 AutoForm 冲压成形模拟实例

本节通过采用冲压成形模拟专用软件 AutoForm 对某轿车的横梁件拉延工艺过程进行模拟计算以说明 CAE 分析的应用，了解利用 AutoForm 进行板料成形数值模拟的一般过程。

图 7.1 零件的几何形状

某轿车横梁件的几何形状如图 7.1 所示。其成形过程需经过拉延、修边冲孔和整形 3 步完成。坯料厚度为 0.8 mm，基准侧为上型基准，材料采用 AutoForm 材料库提供的 DC04。

7.3.1 AutoForm 窗口介绍

启动 AutoForm 后，弹出 Floating License Manager("浮动许可管理器")对话框，如图 7.2 所示。单击 AutoForm‐Increment|One step seat 选项，使其处于激活状态。单击 OK 按钮，进入 AutoForm 主窗口界面，如图 7.3 所示。

图 7.2 Floating License Manager 对话框

图 7.3 AutoForm 主界面

在主界面窗口中单击 File|New，建立新文件，如图 7.4 所示。其中 Length("长度")和 Force("力")的单位分别默认为 mm 和 N，文件名为设为 filename(这是一个暂时的文件名，文件名和路径可以在运行仿真时更改)，单击 New File 对话框上的 OK 按钮，自动弹出 Geometry generator("几何构造器")对话框,暂时先将其关闭。

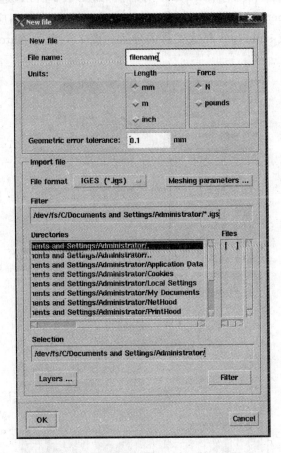

图 7.4　建立新文件

此时,窗口的一些图标以高亮显示,窗口的工具栏如图 7.5 所示。光标长时间放在其上,系统会自动显示该图标的功能。另外窗口中还有一些图标为灰色不可用,随着仿真过程的设置,可用图标会增多,后面将介绍到其中常用的功能。

图 7.5　工具栏

7.3.2　模拟过程

1. 数据文件的读入

在使用冲压成形模拟(CAE)软件以前,首先利用通用 CAD 软件建立零件的几何模型。然后将其以 IGES、VDAF 或 NASTRAN 等格式输入 CAE 软件。零件的几何模型可以是完成冲压工艺设计后生成的冲压工序件模型,也可以是最终零件的模型。如果读入的曲面已经完成工艺补充,读入模型后则不必再进行 Geometry generator("几何构造器")中的其他操作了。本例中,零件的最终形状以 IGES 格式文件导入 AutoForm 系统。单击工具栏中的"几何

构造器"图标 ![icon]，弹出 Geometry generator 对话框，如图 7.6 所示，选择 File | Import 选项，在弹出的 Import Geometry 对话框中选择文件格式为 IGES，选择相应的文件路径和文件名称，单击 OK 按钮，完成 shili.iges 格式文件的导入。图 7.7 为在 AutoForm 的工作窗口区显示出的零件几何模型。

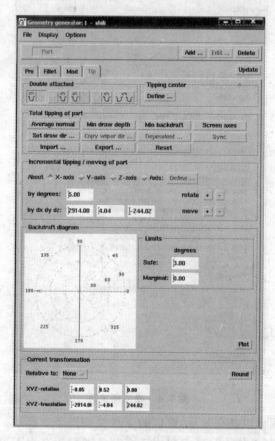

图 7.6 Geometry generator 对话框

曲面数据读入后，网格被自动划分，单击工具栏中的 Mesh（"划分网格"）按钮，会显示网格模型，如图 7.8 所示。读入的曲面自动全部被认为是 Part（"零件"）。对零件可以进行以下操作以观察模型：

图 7.7 读入的几何模型　　　　　　　图 7.8 网格模型

- 拖动光标可以实现零件的旋转；
- 按住 Ctrl 键同时拖动光标可以实现零件的放缩；
- 按住 Shift 键同时拖动光标可以实现零件的平移。

零件读入后，窗口右侧的工具栏高亮显示。单击其中的"几何形状"（Geometry）图标 ![icon]，能够实现零件几何形状显示或者隐藏的功能。

2. 冲压方向的调整

冲压方向的确定必须以保证产品拉延过程中没有负角为前提，其次要使工件各个部分的冲压深度尽量均衡。在此，设冲压方向为沿 Z 轴负方向，即垂直向下。将制件摆至冲压方向的过程需遵循先平移后旋转的原则，平移大小及旋转角度值可从 Geometry generator 对话框的左下角反映出来，如图 7.6 所示。首先将零件中心调整到坐标原点附近。其步骤如下：

① 在图 7.6 所示的 Geometry generator 对话框中，单击 Tip 选项卡中 Tipping center 选项区域组中的 Define 按钮，弹出如图 7.9 所示 Left Tipping Center("制件冲压中心")对话框。

② 单击 Left Tipping Center 对话框中的 Center of gravity("重心")按钮，系统会自动寻找制件的冲压中心，并将其坐标值显示出来，其中 X、Y、Z 的值为工件的中心在现有坐标系中的坐标值，单击 Round("圆整")按钮，坐标值会自动被圆整到十位。记录下坐标值，退出 Left Tipping Center 对话框。

③ 将记录下坐标值 X、Y、Z 分别输入至在图 7.6 所示的 Geometry generator 对话框中 Tip 选项卡里的 Incremental tipping/moving of part 选项区域组中的 by dx dy dz 文本框中，单击 move 旁的"＋"或者"－"按钮，工件中心就被移近到坐标原点附近处，如图 7.6 所示。

这只是沿着 X、Y、Z 三条轴线上做的平移调整，如果需要还可以调整工件围绕 X、Y、Z 轴旋转以满足冲压方向调整的需要。在图 7.6 所示的 Geometry generator 对话框中的 Tip 选项卡中设置 Incremental tipping/moving of part 中 About 和 by degrees，在 About 单选按钮后面选择要围绕哪个轴旋转，在 by degrees 文本框中输入相应的旋转角度，单击 rotate 旁的"＋"或者"－"按钮选择是沿着正方向的矢量或者是负方向的矢量旋转。

冲压方向设置完成后，Tip 标签以蓝色显示，因为在 AutoForm 中，某项设置完成后，该项设置的图标会自动以蓝色显示。AutoForm 以不同颜色表示产品是否存在负角：

- 绿色——无负角；
- 黄色——邻界状态；
- 红色——有负角。

注意在检查是否存在负角时要将图 7.6 所示的 Tip 选项卡中的 Limits("限制")选项区域组中的 Safe(安全角度)设置为 0。

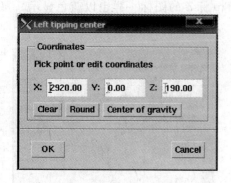

图 7.9 寻找制件中心

图 7.10 工件中心平移到坐标原点

3. 构建模面

在 Geometry generator 对话框中选择 Add("添加")按钮，打开 Add 对话框，类型为默认的 DRAW 50("拉延型")，单击 OK 按钮。这时 Geometry generator 对话框中的标签增加了几项,如图 7.11 所示。这里先简单介绍一下这几个标签所包含的功能。

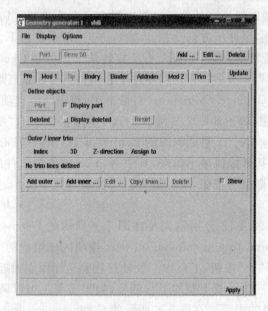

图 7.11　Geometry generator 对话框中构建模面功能

- Pre 是为零件的几何模型作一些前期的处理,如添加内、外边界等;
- Tip 的功能为调整零件的冲压方向,前面已经详细介绍过;
- Mod 1 用来填充零件内部的孔洞;
- Bndry 用来光顺零件的边界;
- Binder 用来生成压料面;
- Addndm 用来生成工艺补充。

注意,其中有些设置是有关联的,必须在前面设置完成,单击 Apply 按钮应用之后,后面设置的标签才能够高亮显示,否则,前面没有完成应用的相关标签会以红色显示。一般情况下,从前向后逐一设置即可。对于本例,Pre 这个模块中不需要做工作,直接单击对话框右下角的 Apply(应用)按钮,之后可以发现 Pre 标签与 Tip 标签的图标一样也以蓝色显示。每项设置完成应用,相关功能的标签就会以蓝色显示。

下面介绍在构建模面中要进行的几项工作。

(1) 填充孔洞

制件上的孔洞,尤其是较大的孔洞,必须填充,这是保证计算时接触搜索的需要。在 Geometry generator 对话框中 Mod 1 选项卡中可以填充制件的孔洞,如图 7.12 所示。为了保证计算精度的需要,有些边界较复杂的孔洞,需添加特征线来控制填充面的形状,此时,为保证填充面能顺利输出,推荐采用 Add detail("填加细节补充")方式来制作填充面。而本例中,零件的内部孔洞都是简单的圆形,只需单击 Mod 1 选项卡中 All Holes 标

图 7.12　Mod 1 选项卡

签,出现 Define hole("定义孔洞")选项区域组进行参数设置,如图 7.13 所示。在 Min size ("最小尺寸")文本框里输入 1.5,在 Max size("最大尺寸")文本框里输入 300,其含义是尺寸在 1.5 mm~300 mm 的空隙都会被认为是孔洞而自动填充上,根据需要可以改变尺寸值。本例中采用默认的尺寸范围即可。单击 Geometry generator 对话框中 Apply 按钮,填充之后的效果如图 7.14 所示。

图 7.13 定义孔洞

图 7.14 孔洞填充之后的效果

(2) 边界光顺

一个光顺的边界,可以大大提高构建工艺补充面的效率,节省大量调整工艺补充面的时间。此步骤尽量不要省略。在 Geometry generator 对话框中 Bndry 选项卡里单击 Add bndry fill("填加边界补充")按钮,弹出 Pick Curve("拾取曲线")对话框,如图 7.15 所示。选择默认的曲线(该曲线在窗口中会以黄色高亮显示)作为光顺对象。之后 Bndry 选项卡如图 7.16 所示。其中 Bndry fill roll radius 的意义是光顺的目标边界为以某一直径的圆在曲线边界上滚动都能接触。单击该对话框的 Apply 按钮应用,光顺后的效果如图 7.17 所示。

图 7.15 Pick Curve 对话框

图 7.16 Bndry 选项卡

(3) 构建压料面

覆盖件拉延成形的压料面形状是保证拉延过程中材料不破裂和顺利成形的首要条件，构建压料面的目的是为了使材料流动尽量均匀一致，因此，构建压料面时，其截面线到制件的距离变化应均匀、平

图 7.17　边界光顺后的模型

缓。由于压料面必须是光顺可展的，因此，压料面的调整应遵循循序渐进的原则。

压料面可以是读入已有的型面，也可以在 AutoForm 中构建。构建压料面需利用添加截面线控制其形状。截面线调整时，控制点数量应适度，宜少不宜多。调整完后，视制件形状复杂程度，在适当位置再添加一条截面线并调整至适当形状，依此类推，直至获得一个令人满意的压料面。

1）自动生成压料面

如图 7.18 所示，单击 Geometry generator 对话框中选择 Binder 标签后，单击左下角 Auto 按钮，窗口显示出自动生成的压料面，如图 7.19 所示。并且，Geometry generator 对话框中 Binder 选项卡里增加了新的选项，如图 7.20 所示。

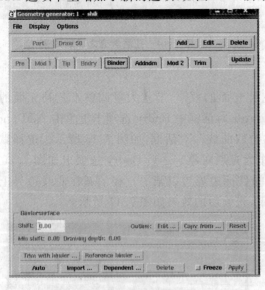

图 7.18　Binder 标签

图 7.19　自动生成的压料面

2）手动调整压料面

自动生产的压料面可以通过手动编辑来改变其形状，调整拉延深度。为了编辑压料面，需要创建 Profile（"截面线"），然后通过编辑截面线的形状来编辑压料面形状。

单击图 7.20 所示 Binder 选项卡中的中 Profile（"截面线"）标签，再单击 Add Profile（"添加截面线"）按钮，弹出 Edit curve（"编辑截面线"）对话框，将光标放在图 7.21 所示 1 位置，单击鼠标右键，这样添加了一个控制点 1，释放右键，将光标放在图 7.21 所示 2 位置，单点鼠标右键创建控制点 2，然后单击 Edit curve 对话框中的 OK 按钮，完成第一条截面线的创建；重复上述步骤，创建控制点 3 和 4，完成图 7.21 所示的第二条截面线的创建。每添加一条截面线，Profile 选项卡中会显示出添加的截面线的形状及控制参数等，如图 7.22 所示。在这里按住右键选中控制点拖动鼠标，就能够对截面线的形状进行调整。

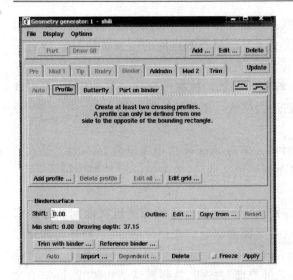

图 7.20 Binder 标签中新增加的选项

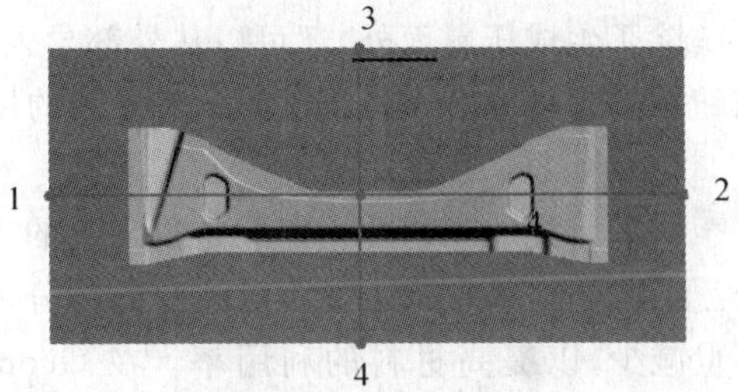

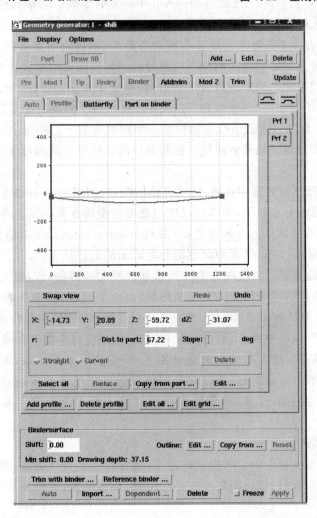

图 7.21 生成的截面线

图 7.22 Geometry generator 对话框中编辑压料面截面线形状

为了更灵活地编辑截面线,还可以在截面线上填加更多的控制点,添加方法是选择要编辑的截面线,单击 Edit 按钮,在视图窗口中截面线上需要创建控制点的的位置按住 Ctrl 键且单击鼠标右键。

注意,截面线至少需要有两条,才能控制压料面的形状。视制件形状的复杂程度,可以继续单击 Profile 选项卡里的 Add Profile 按钮,在适当位置再添加若干截面线。

3)输入压料面

除了生成压料面外,还可以从外部导入压料面。单击 Binder 选项卡里的 Import("导入")按钮,导入.iges 格式的压料面。将导入的压料面调整到合适后,单击 Apply 按钮应用。

(4)构建工艺补充面

这里所说的工艺补充指的是狭义上的工艺补充部分,是指修边轮廓到压料面间的过渡部分。工艺补充是拉延工艺不可缺少的部分,拉延后又需要将它们修切掉,所以工艺补充部分应尽量减少,以提高材料的利用率。在 Geometry generator 对话框中单击 Addndm("工艺补充")标签里左下角的 Add Addendum("添加工艺补充面")按钮,选择默认的边界线,设定工艺补充类型和参数,并单击 Apply 按钮应用。AutoForm 中提供了一系列模板及交互式对话框来调节控制生成工艺补充面。调节工艺补充时应注意:

① 主截面线代表着工艺补充上最基本的参考轮廓,通过它所定义的筋、圆角半径和倾角决定了大部分工艺补充的形状。因制件不同部分到压料面距离的不同将导致主截面线在这些地方的高度和长度的变化。确定主截面形状时,需确定 Punch radius("凸模圆角")、Die radius("凹模圆角")、Wall angle("侧壁倾角")以及 PO widths("分模线宽度")等参数。

② 多数情况下,仅通过主截面线很难得到一个理想的的工艺补充。一个较理想的工艺补充往往包含着几条用户自定义的截面线。创建及修改这些单个的截面线是进行模面设计时必不可少的工作。

③ 为保证工艺补充面的整体光顺,应视具体情况,应用图 7.23 中的 Directions 功能,调节工艺补充上各截面线的分布状况,调节时尺度应把握在使所有截面线空间分布尽量均匀。

在本例中,暂不改变默认的参数设置,单击 Geometry generator 对话框中的 Apply 按钮,添加工艺补充后如图 7.24 所示,其中绿色部分为添加的工艺补充面。

④ 编辑分模线的宽度。分模线是生成凸模和凹模的边界线,添加工艺补充后,自动生成分模线,根据需要,可以改变分模线的宽度和形状,以改变凸、凹模的形状。单击图 7.23 所示 Geometry generator 对话框中 Addndm 选项卡中的 Lines 按钮,在弹出的对话框中单击 PO width("分模线宽度")选项中的 Edit("编辑")按钮。视图窗口中出现分模线及其控制点,此时分模线处在可编辑状态。按住鼠标右键拖动图 7.25 中所示的控制点,即可编辑分模线的形状。按住 Ctrl 键并单击鼠标右键,可以在合适的位置添加更多的控制点。分模线的形状不宜太复杂,控制点总体上不宜多,拐角处的控制点以 3 至 4 个为宜。编辑后的分模线如图 7.26 所示。

4. 仿真参数的输入

型面确定以后,模具型面的形状也就确定了,就可以制定冲压方案,确定工艺参数。成形工艺参数主要指模具、板料、压边圈之间的相对位置、接触类型、运动曲线以及坯料属性、摩擦条件的定义等。

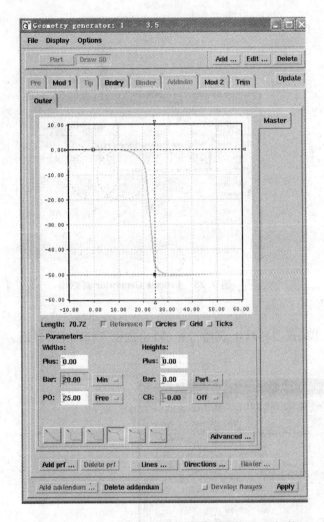

图 7.24　添加工艺补充面

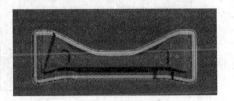

图 7.25　编辑前的分模线

图 7.26　编辑后的分模线

图 7.23　Geometry generator 对话框中 Addndm 标签

(1) 仿真类型设置

① 选择 AutoForm 主菜单的 Model | Process Generator,或者在工具栏中单击 Process Generator("工序生成器")按钮,弹出图 7.27 所示 Simulate type("仿真类型")对话框。

② 在 Simulate type("仿真类型")选项区域组中,有两个单选按钮,Incremental("用增量法计算")精度高、时间较长,One step("一步法计算")精度低、计算速度很快。本例选择 Incremental 按钮。

③ 在 Operation setup("操作设置")选项区域组中,Tool Setup("模具的工作位置")中单击第 3 种 ("单动拉延")图标,选择凹模在上,凸模在下。

④ 在 Sheet thickness("板料厚度")选项区域组中,按实际值 0.8 输入。

⑤ 在 Geometray refer to("基准侧")选项区域组中,选择 die side("凹模边")单选按钮。

⑥ 所有参数设置完成后,单击 OK 按钮。弹出 Process Generator 对话框,如图 7.28 所示。

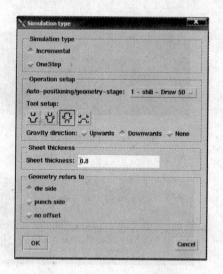

图 7.27 Simulate type 对话框

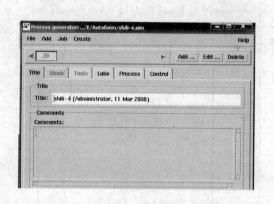

图 7.28 Process Generator 对话框

(2) 构造坯料

单击 Process Generator 对话框里的 Blank("坯料生成器")标签,出现图 7.29 所示界面。坯料的定义主要有以下几方面:

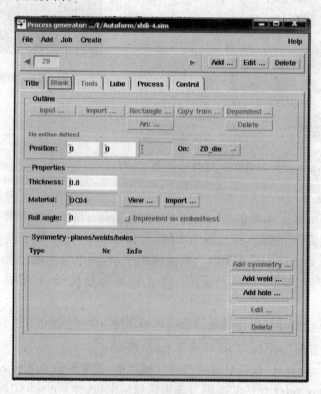

图 7.29 构造坯料界面

① 坯料的形状　首先需要确定坯料的形状,即生成坯料线。生成坯料线有几种途径,本例中采用单击 Outline("轮廓线")选项区域组里的 Input("输入")按钮,利用鼠标右键在

AutoForm 中绘制。绘制的矩形轮廓线结果如图 7.30 所示。生成坯料后,Outline 选项区域组里的按钮变成黑色显示。

② 坯料的位置 坯料的位置为在 Binder("压边圈")上,具体设置方法是将 Outline 选项区域组中的坯料位置选项 20-die 改成 20-binder。

③ 设置材料的厚度 在 Properties("属性")选项区域组里的 thickness("厚度")文本框中输入厚度值 0.8。

④ 坯料的材料属性 在 Properties 选项区域组里的 Material("材料")文本框中选择 AutoForm 材料库默认的 DC04 材料。单击 View 按钮可以查看、修改材料的属性。还可以通过 Import 按钮导入材料参数。

图 7.30 坯料线形状

(3) 构造模具

单击 Process Generator 对话框中的 Tools("工具")标签,如图 7.31 所示。其中,已经生成了 die("凹模")、punch("凸模")和 binder("压边圈")工具。下面介绍这三个工具的设置。单击 Die 标签,然后单击 reference 按钮,弹出 Reference tool geometry("模具参考形状")对话框,在其中选择需要的几何项目,本例中默认的即可。将 Die 选项卡下的 Working Direction 选项区域组中的 Movement("位移")文本框的值改成 -300。同样的方法完成 punch 和 binder 工具的设置,binder 的 movement 改成 150,binder 中单击 columns 选项区域组里的单选按钮 Tool cntr("设置压边力作用在点上"),设置完成后,binder 按钮以黑色显示。单击主窗口

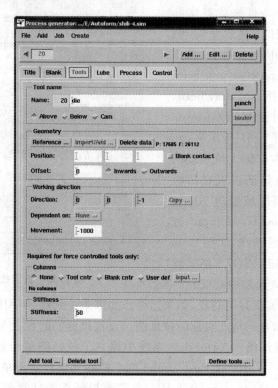

图 7.31 Tools 选项卡

右侧工具栏中的 20-die、20-punch、20-binder 图标,视图中显示出三个工具的几何形状,如图 7.32 所示。在 Process Generator 对话框中单击 lube 设置摩擦系数,默认设置为 0.15 即可。

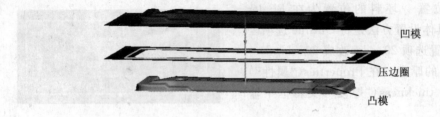

图 7.32　凹模、凸模、压边圈

(4) 定义拉延筋

拉延筋是拉延工序的重要工艺参数之一。设拉延筋的主要作用有如下几点。

① 增加局部区域的进料阻力,使整个拉延件进料速度达到平衡状态。

② 加大拉延成形的内应力数值,提高覆盖件的刚性。

③ 加大径向拉应力,减少切向压应力;延缓或防止起皱。

拉延筋可以采用真实的拉延筋几何模型,这种方法计算精度高,但需要对板料进行网格细化,大大增加计算时间;也可以采用等效拉延筋模型,即将拉延筋表示为压料面上的一条或多条曲线(拉延筋线),用等效的约束边界条件来代替实际拉延筋的影响,这种方法计算效率高,调整方便,得到了广泛应用。本例中,采用等效拉延筋模型,单击 process generator 对话框中 Add 按钮;选择 add drawbead,弹出 Add draw bead 对话框,单击 Add draw bead 图标,出现图 7.33 所示界面。在 Draw bead name 文本框输入拉延筋的名字,默认为 bead1。拉延筋设置在凹模和压边圈上,Tools 选项区域组里 Above 选择 die,Below 选择 binder,用 Input 方式画出压延筋 bead1 拉延筋线,如图 7.34 所示,或单击 Import 按钮以 IGES 格式读进 CAD 软件中输出的拉延筋中心线。一

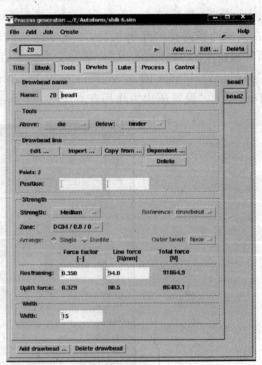

图 7.33　设置拉延筋界面

条拉延筋必须是一根连续或封闭的线,如果需要添加多条拉延筋,则用同样的方法添加。在本例中,用同样的方法添加另一与之对称的拉延筋。设置拉延筋的参数 Width 和 Restraining 两个值,本例中暂时采用默认值。AutoForm 系统中建立了拉延筋截面形状尺寸与拉延筋力参数之间的对应关系,其中 Width 和 Restraining 两个值是在通过主菜单的 Model 中 Drawbead generator 计算出的,Drawbead generator 是一个等效拉延筋的计算器,根据实际拉延筋的截面等参数,通过计算,可以得出 Width 和 Restraining 两个值。

(5) 仿真过程设置

对于单动拉延,一般包括三步:

Gravity——表示板料在重力作用下的变形,选择重力方向 Downwards(向下),单击 show all 图标,显示重力计算过程中 die、punch 和 binder 的运动状态,Binder 为 Stationary("静止"),die 和 punch 不激活。

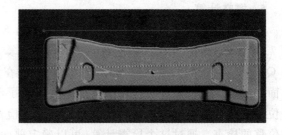

图 7.34　拉延筋的布置

Closing——压边圈与凹模的闭合过程,压边圈与凹模的闭合过程为压边圈静止,凹模以一定的速度向下运动,与压边圈闭合,将板料夹紧。注意这里的运动速度与运动时间(During time)设置要与凹模与压边圈的相对位置差吻合,即 $s=v·t$,这里 $s=300-150=150$,$v=1$,故 $t=150$。单击 show all 图标,显示 closing 过程中模具的运动状态,采用缺省设置为 punch 不激活,binder 为 Stationary,die 的运动速度为 1(默认的行程单位为 m,时间单位为 s,速度单位是 m/s),Time 文本框中值输入 150。

Drawing——为拉延过程,凸模静止,凹模带动压边圈运动,直至与凸模完全闭合,完成成形过程。设定压边圈为力控制,在板料拉延成形过程中,通常需要压边装置产生足够的摩擦抗力以增加板料中的拉应力,控制材料的流动避免起皱。一般,压边力过小无法有效地控制材料的流动,板料很容易起皱;而压边力过大虽然可以避免起皱,但拉破趋势会明显增加,同时模具和板料的表面受损可能性亦增大,影响模具寿命和板料拉深成形质量。因此,压边力是影响成形的重要工艺参数。采用缺省设置,令 punch 为 Stationary,die 和 binder 的速度是 1,Time 值输入 150。更改压边力,单击 binder 对应的 force 按钮,在出现的对话框中选 Constant force("恒定值"),输入 600 000 N,单击 Set 按钮确定,设置完成后如图 7.35 所示。拉延过程设置完成。如若增加其它工序,单击 Add process step("增加工序")出

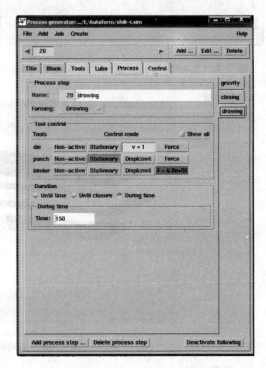

图 7.35　设置压边力

现增加工序的界面,可进行二次拉延、翻边、修边和计算回弹。计算和输出结果控制(control)中可以做如下设置:

① Main 界面可改变计算精度要求、计算里用到的参数:穿透半径、影响弯曲计算精度的层数,这些都使用缺省值。

② Rslts 界面选择需要输出的结果,也可使用缺省。

5. 提交计算

选择主菜单 Run | Start simulation,弹出 Start/Kill simulation/View log 对话框,如图 7.36 所示,单击 check 按钮,AutoForm 会计算运动检查模具的运动过程。计算完成后弹出 Question("询问")对话框,如图 7.37 所示。在该对话框中单击 Yes 按钮,重新打开文件,界面如图 7.38 所示。注意,视图窗口下方出现了滚动条。拖动滚动条按钮,窗口会随着滚动条位置变化显示不同时刻的模具位置。在运动检查计算中,板料不发生任何变形,只是进行刚体位移的检查。通过这个检查计算,可以确定前面的模具设计是否正确。确认运动无误后,单击 start/kill simulation | view log 对话框中的 Start 按钮开始运算。

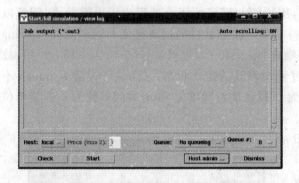

图 7.36 Start/Kill simulation/View log 对话框

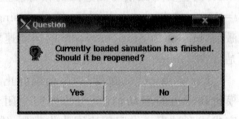

图 7.37 Question 对话框

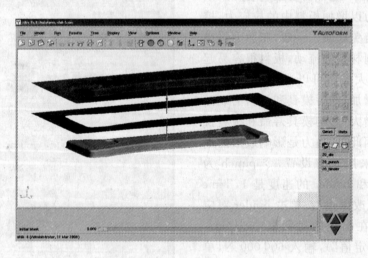

图 7.38 运动检查后的界面

6. 后置处理

有限元分析的结果表现为海量的数据,无法直接判读,而利用可视化技术表达为易于理解的图形方式,这是后置处理的任务。一般地讲,后置处理主要关心两个问题,一是以可以理解的方式变换结果和给出结果;二是保证使用的结果是给定模型所产生的最精确结果。模拟软件的后置处理模块能提供工件变形形状、模型表面或任意剖面上的应力应变分布云图、变形过程的动画显示、选定位置的物理量与时间的函数关系曲线、沿任意路径的物理量分布曲线等,使用户能方便地理解模拟结果和成形缺陷。

在 AutoForm 中,计算结束后,也会自动弹出对话框,单击对话框中 Yes 按钮,重新载入文件,右侧的工具栏高量显示如图 7.39 所示,单击其中的图标就可以查看计算结果。成形工艺性是一种很直观的模拟结果输出方式,它根据工件各部位的应变分布,用不同颜色表示相应的成形工艺性,其中包括破裂、有破裂趋势、过度减薄、安全、变形不足、有起皱趋势、起皱等。单击工具栏中的 Formability("成形性")图标,窗口会显示板料变形后的成形工艺性,如图 7.40 所示。为了观察方便,只显示零件成形后一半形状的结果。对照下面的颜色条,可以判断该区域处在变形的何种状态。用鼠标右键单击制件上的各部位,AutoForm 会自动显示该处所处的状态。分别单击 Thickness("厚度")、Thinning("减薄")和 Wrinkling("起皱")图标分别显示成形中板料的厚度、减薄、起皱分布情况,如图 7.41 为减薄图,根据减薄的百分比可以判断材料是否拉裂。单击主菜单 Result,其下拉菜单中包括许多后处理结果,供我们分析参考。如单击其中的 ProcessData,可以查看冲压过程中模具的载荷,以判断冲压的成形力,选择合适的设备,如图 7.42 所示。

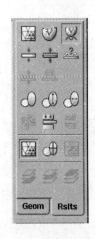

图 7.39 后处理工具栏

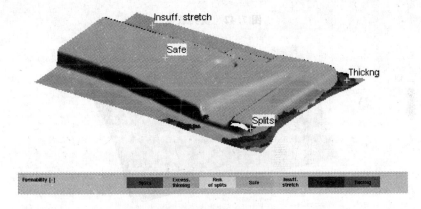

图 7.40 成形工艺性

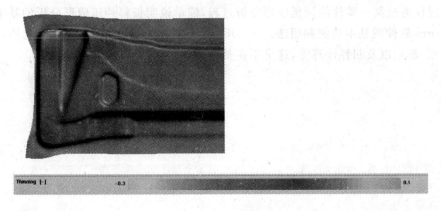

图 7.41 减薄率

经过反复修改艺补充面的形状和优化工艺参数后,模拟得到成形质量比较良好的工件,如图 7.43 所示。

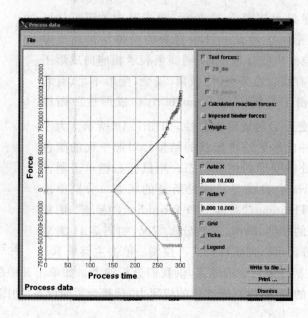

图 7.42　模具载荷

图 7.43　成形质量良好的工件

　　本例仅仅通过某一零件的拉延成形分析过程,简单说明板料冲压成形分析的基本原理,介绍 AutoForm 软件的基本功能和用法。AutoForm 软件的功能非常庞大,除此之外,还包括坯料展开尺寸、翻边以及回弹计算等,这里不在赘述。

第 8 章 模具 CAD/CAM 领域的新技术

当前,全球制造业都面临着市场全球化、产品多样化和制造国际化的挑战,快速响应能力逐渐成为竞争的焦点。在模具制造业,企业必须以最新的产品、最短的开发时间、最优的质量、最低的成本、最佳的服务、最好的环保效果和最快的市场响应速度来赢得市场和用户。

20 世纪 80 年代开始,人们从各种不同角度提出了许多不同的先进制造技术新模式、新哲理、新技术、新概念、新思想、新方法。这些新技术的使用,对提高模具制造企业的竞争力起到了巨大的作用。本章将对高速加工技术、逆向工程技术、快速成形技术和虚拟制造技术进行简单介绍。

8.1 高速加工技术

目前切削加工仍是主要的机械加工方法,在机械制造业中有着重要的地位。但如何提高其效率、精度和质量,已成为传统机械加工面临的问题。20 世纪 90 年代,以高切削速度、高进给速度和高加工精度为主要特征的高速加工(High Speed Machining, HSM)已成为现代数控加工技术的重要发展方向之一,也是目前制造业一项快速发展的高新技术。

8.1.1 高速加工概述

高速加工概念起源于德国切削物理学家卡尔·萨洛蒙(Carl·J·Salomon)的著名切削试验及其物理延伸,1929 年他进行了高速加工模拟试验,1931 年发表了高速加工理论,提出了高速加工假设。他认为,一定的工件材料对应有一个临界切削速度,其切削温度最高;在常规切削范围内切削温度随着切削速度的增大而升高,当切削速度达到临界切削速度后,切削速度再增大,切削温度反而下降。人们将切削速度与切削温度间的关系曲线称为萨洛蒙曲线,如图 8.1 所示。这个理论给人们一个非常重要的启示:加工时如果能超过过渡区,在高速区进行切削,则有可能用现有的刀具进行高速加工,从而大大缩短加工时间,成倍提高机床的生产率。这一理论的发现为人们提供了一种在低温条件下实现高效率切削金属的方法。

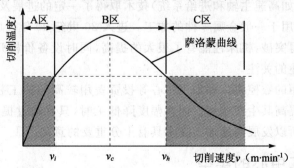

图 8.1 萨洛蒙曲线(切削速度和切削温度的变化关系)

8.1.2 高速加工的定义

从高速加工技术诞生至今,人们很难为高速加工做一个明确的界定,因为高速加工并不能简单地用切削速度这一参数来定义,在不同的技术发展时期,对不同的切削条件,用不同的切削刀具,加工不同的工件材料,其合理的切削速度是不一样的。

从切削机理角度看,高速加工时,切削温度应随切削速度的增大而降低;从切削技术角度看,高速加工是以高切削速度、高进给速度和高加工精度为主要特征的加工技术,它所采用的切削参数要比传统工艺所采用的切削参数高几倍甚至几十倍。因此,目前通常把切削速度比常规切削速度高 5~10 倍以上的切削加工称为高速加工。但对于不同的材料,不同的切削方式,其高速加工的切削速度并不相同,如表 8.1 和表 8.2 所列。

表 8.1 不同材料高速加工的切削速度

材料	常规切削速度 /(m·min^{-1})	高速切削速度 /(m·min^{-1})	超高速切削速度 /(m·min^{-1})
铝合金	<1 000	1 000~7 000	>7 000
铜合金	<900	900~500	>5 000
钢	<500	500~2 000	>2 000
灰铸铁	<800	800~3 000	>3 000
钛合金	<100	100~1 000	>1 000

表 8.2 不同切削方式高速加工的切削速度

切削方式	高速切削加工/(m·min^{-1})
车削加工	700~7 000
钻削加工	200~1 000
铣削加工	200~7 000
磨削加工	5 000~10 000
铰削加工	20~500

早期高速加工主要用于航空航天工业铝合金零件的加工,从 20 世纪 80 年代开始,由于高速加工机床功能部件(如高速主轴和进给系统)技术取得了一定的进展及对刀具技术的深入研究,高速加工也开始应用于一般金属零件的加工。进入 20 世纪 90 年代后,由于高速加工机床许多关键部件研究取得突破,机床性能有了很大的提高,同时设备价格开始下降,高速加工技术受到了许多制造企业的关注。

对于当今广泛使用的数控机床和加工中心等投资费用较高的加工装备,只有大幅度降低切削工时才能进一步提高其生产效率。而大幅度降低工时,只有通过提高切削速度和进给速度的方式才能实现。所以发展高速加工技术具有十分重要的意义。

8.1.3 高速加工中心的类型

高速加工机床有高速加工中心、高速车床、高速钻床、高速铣床和高速磨床等,其中高速加

工中心最为典型。按高速机床必须具备高主轴转速、高进给速度与加速度的技术特征,通常将高速加工中心分为两类:

① 以高转速为主要特征的高速加工中心,即 HSM(High Speed Machining)型,这类机床一般只有高转速而没有高进给速度。

② 以高移动速度为主要特征的高速加工中心,即 HVM(High Velocity Machining)型,这类机床不仅具有高主轴转速,而且具有高进给速度。

8.1.4 高速加工的特点

随着高速与超高速机床设备和刀具等关键技术领域的突破性进展,高速与超高速切削技术的工艺和速度范围也在不断扩展。如今在实际生产中超高速切削铝合金的速度范围为 1 500 m/min~5 500 m/min,铸铁为 750 m/min~4 500 m/min,普通钢为 600 m/min~800 m/min,进给速度高达 20 m/min~40 m/min。而且超高速切削技术还在不断地发展。有人预言,未来的超高速切削将达到音速或超音速。其特点可归纳如下:

① 可提高生产效率 提高生产效率是机动时间和辅助时间大幅度减少、加工自动化程度提高的必然结果。据称,由于主轴转速和进给的高速化,加工时间减少了 50%,机床结构也大大简化,其零件的数量减少了 25%,而且易于维护。

② 可获得较高的加工精度 由于切削力可减少 30% 以上,工件的加工变形减小,切削热还来不及传给工件,因而工件基本保持冷态,热变形小,有利于加工精度的提高。特别对大型的框架件、薄板件和薄壁槽型件的高精度、高效率加工,超高速铣削是目前唯一有效的加工方法。

③ 能获得较好的表面完整性 在保证生产效率的同时,可采用较小的进给量,从而减小了加工表面的粗糙度值;又由于切削力小且变化幅度小,机床的激振频率远大于工艺系统的固有频率,故振动对表面质量的影响很小;切削热传入工件的比率大幅度减少,加工表面的受热时间短,切削温度低,加工表面可保持良好的物理力学性能。

④ 加工能耗低且节省制造资源 高速切削时,单位功率的金属切除率显著增大。以洛克希德飞机制造公司的铝合金高速铣削为例,主轴转速从 4 000r/min 提高到 20 000 r/min,切削力减小了 30%,金属切除率提高了 3 倍,单位功率的金属切除率可达 130 000 mm^3/(min·kW)~160 000mm^3/(min·kW)。由于单位功率的金属切除率高、能耗低和工件的加工时间短,从而提高了能源和设备的利用率,降低了切削加工在制造系统资源总量中的比例。

8.1.5 高速加工的关键技术

高速加工技术的开发与研究,主要集中在刀具技术、机床技术和 CAM 软件等几个方面。

1. 刀具技术

目前适用于高速切削的刀具主要有:涂层刀具、金属陶瓷刀具、陶瓷刀具、立方氮化硼(CBN)刀具及聚晶金刚石(PCB)刀具等。

高速切削不仅要求刀具本身具有良好的刚性、柔性、动平衡性和可操作性,同时对刀具与机床主轴间的连接刚性、精度及可靠性都提出了严格要求。因此刀柄通常采用双定位式刀柄,如 20 世纪 90 年代初德国开发的 HSK(Hohl Schaft Kegel)空心短锥柄、美国 Kennametal 公司开发的空心短锥柄 KM 系列及日本精机公司开发的精密锥柄 BIG PLUS 工具系统。

此外新型夹头和刀具磨损监测技术等也相应开发出来。

2. 独特的主轴结构单元

高速主轴是高速机床最重要的部件,它不仅要求在很高的转速下旋转,而且要有很高的同轴度、大而恒定的转矩、过热检测装置及动平衡的校正措施,如采用特殊的动平衡电主轴单元、空气静压轴承或磁悬浮轴承等。

3. 高速直线驱动进给单元

为实现高速加工,应对其进给系统提出以下要求。

① 进给速度要相应地提高,以保证刀具的每齿进给量基本不变,否则会严重影响加工质量和刀具使用寿命。最大进给速度应达到 60 m/min 或更高。

② 加速度要大。加工时,工作台的行程一般只有几十毫米或几百毫米,在很高的进给速度下,只有瞬间达到高速和高速行程中的瞬间准停,高速直线运动才有意义。为了实现曲线或曲面的精密加工,在运动的拐弯处要求有较大的加速度或减速度,这是与传统机床的最大区别之一,其最大加速度应达 $1\sim10g(1g=9.8\ m/s^2)$。

③ 进给系统的动态性能要好,能实现快速的伺服控制和误差补偿,达到较高的定位精度和刚度,以进行高效精密加工。

为满足上述要求,1993 年直线电动机驱动的进给系统应运而生。用直线电动机直接驱动机床的工作台,可取消从电动机到工作台之间的一切中间传动环节,与电主轴一样把传动链的长度缩短为零,实现了机床的"零传动",这是一种较理想的传动方式。直线电动机传动方式与滚珠丝杠副传动方式的性能比较如表 8.3 所列。

表 8.3 直线电动机与滚珠丝杠副传动方式的性能比较

传动性能	直线电机	普通滚珠丝杠副	精密高速滚珠丝杠副
$v_{max}/(m \cdot min^{-1})$	60~200	20~30(40)	60~100(120)
$a_{max}(1g=9.8\ m/s^2)$	2~10	0.1~0.3(0.5)	0.5~1.5
静刚度 $K_J/(N \cdot \mu m^{-1})$	70~270	90~180	90~180
动刚度 $K_D/(N \cdot \mu m^{-1})$	160~210	90~180	90~180
调整时间/ms	10~20	100	无
可靠性/h	50 000	6000~10 000	无

4. 高性能的数控和伺服驱动系统

高速加工中心要求主轴控制器具有极高的动态品质、精度、可靠性和可维护性。而矢量控制的脉冲宽度调制 PWM(Pulse Width Modem)交流变频控制器则是实现这种控制的最佳选择。

为在高速加工复杂工件时获得高精度,许多 CNC 系统都采用了精简指令集成系统 RISC。它可把计算系统参数产生的预期误差根据实际需要进行修正,从而使实际轨迹精确地跟踪编程轨迹,消除跟踪误差。RISC 还具有控制加减速、优化执行程序等功能,这种系统(FANUC16 和西门子 840)均已采用 32 位 CPU,有些已采用 64 位 CPU 并带有小型数据库,具有工具的监控功能。

5. 配套的 CAM 软件

高速加工必须具有全程自动防过切和刀具干涉检查功能,具有待加工轨迹监控、速度预控制、多轴变换与坐标变换实现刀具补偿及误差补偿等功能。现在高速加工计算机数控一般采用 NURBS 样条插补,这样可以克服直线插补时控制精度和速度的不足,提高进给速度和切削效率,而且提高复杂轮廓表面的加工精度和人员设备的安全性。实践证明,在同样精度的情况下,一条样条曲线程序段能代替 5~10 条直线程序段。目前大多数 CAM 软件并没有考虑高速加工的问题。

除了上述技术外,零件毛坯制造技术、生产工艺数据库、测量技术和自动生产线技术等对高速加工能否发挥其应有作用也有着重要的影响,如图 8.2 所示。

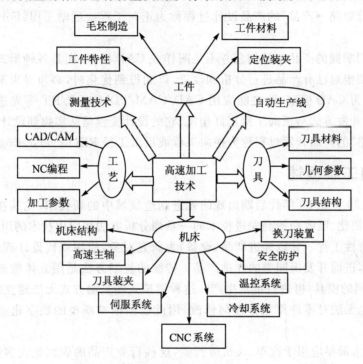

图 8.2 高速加工的关键技术

8.1.6 高速加工技术在模具行业的应用

高速加工在模具行业的应用主要是电极的加工和淬硬材料的直接加工。

应用高速加工技术加工电极对电火花加工效率的提高作用非常明显。用高速加工技术加工复杂形状的电极,减少了电极的数量和电火花加工的次数;同时,也提高了电极的表面质量和精度,大大减少了电极和模具后续处理的工作量。

模具加工一般使用数控铣床(加工中心)完成。由于普通铣削加工很难达到模具表面的质量要求,因此通常由钳工进行手工抛光;同时,模具一般使用高硬度和耐磨性好的合金材料制成,这给模具加工带来困难,由于这些材料用普通机械加工较难完成,因此广泛采用电火花成形加工方法,这也是影响模具加工效率的主要原因。应用高速加工技术可直接加工淬硬材料,特别是硬度在 46 HRC~60 HRC 范围内的材料,高速加工能部分取代电火花加工,这样省去了电极的制造,降低了生产成本,节约了加工时间,缩短了生产周期。

8.2 逆向工程技术

按照传统的产品开发流程，在产品开发过程中，一般从市场调研开始，在了解了市场的需求后，抽象出产品的功能描述及产品规格，然后进行"概念设计→总体设计→详细的零部件设计→制定工艺流程→设计工装夹具→完成加工，检验→装配及性能测试→最终完成产品"的开发过程。这种开发模式的前提是产品开发人员已完成产品的图样设计或建立 CAD 模型，我们把这种从"设计思路→产品"的产品设计过程称为正向工程或顺向工程(Forward Engineering)。

然而，当我们掌握的产品初始信息并不是图样或 CAD 模型，而是各种形式的物理模型或实物样件；或者期望对已有产品进行分析和改进，以期得到优化时，必须寻求某种方法将这些实物(样件)转化为 CAD 模型，使之能应用 CAD/CAM/PDM/RP/RT 等先进技术完成有关任务。这种产品开发方式与正向工程正好相反，它的设计流程是从实物到设计，我们将这种由"产品→设计思路"的产品开发过程称为逆向工程或反求工程 RE(Reverse Engineering)。

8.2.1 逆向工程概述

逆向工程是 20 世纪 80 年代后期出现的先进制造领域中的新技术，尤其在近几年得到了快速发展。它是消化、吸收和提高先进技术的一系列分析方法和应用技术的组合，是一门跨学科、跨专业的综合性工程。它以先进产品(设备)为研究对象，应用现代设计理论方法，分析并掌握其关键技术，进而开发出同类的先进产品。传统的复制方法是用立体雕刻机或靠模铣床制作出 1:1 等比例的模具，再进行批量生产。这种模拟式的复制方式无法建立零件的 CAD 模型和图样文件，也无法对零件模型作任何修改，因此已渐渐被新型的数字化逆向工程技术所取代。

逆向工程技术最早应用于汽车、飞机等行业，这些行业产品的表面绝大多数是自由曲面，很难用精确的数字模型来描述。进行新产品开发时，首先按一定比例制作产品的实物模型，并对实物模型进行测量、分析、评估和修改，直至满足要求，然后建立产品的 CAD 模型，最终完成新产品的开发。由于条件的限制，早期对实物模型的测量大都采用手工测量的方法，这种测量方法存在效率低、精度差和对操作人员要求高等缺点。从 20 世纪 60 年代开始，随着计算机技术、CAD/CAM 技术及高精度坐标测量机的发展，产品数据的采集逐渐转移到坐标测量机上完成。坐标测量机进行产品数据的采集大大提高了测量的精度和效率，也促进了逆向工程技术的使用和推广。

狭义的逆向工程以实物模型为设计制造的出发点，根据所测的数据构造 CAD 模型，继而进行分析制造，这又称为实物逆向。广义的逆向工程不仅包括实物逆向，还包括影像逆向、软件逆向和工艺逆向等，如在城市规划中就经常会用到影像逆向。但须指出的是，任何产品的问世，不仅包含了对原有知识、技术的继承，也有对原有知识、技术的发展，因此，逆向工程并不仅仅是对原产品的简单复制，更包含了对原产品的再设计和提高。

1. 逆向工程的定义

到目前为止，逆向工程还没有一个统一的定义，但对逆向工程有两种较具代表性的观点，如图 8.3 所示。

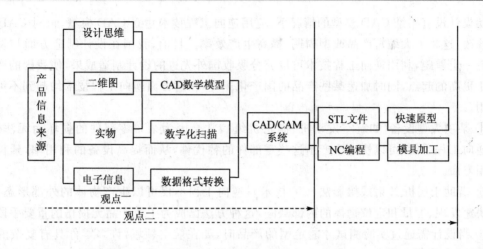

图 8.3 RE 技术的工作流程

观点一：逆向工程是指根据现有的模型或参考零件，用测量设备获取零件表面上各点的三维坐标值，再应用测量数据建立产品的 CAD 模型，完成产品的概念设计。

观点二：逆向工程是指首先对模型或参考零件进行数字化，然后利用 CAD 系统得到产品的 CAD 的模型，结合快速成形技术制作样件或根据 CAD 模型进行模具的设计与制造，应用 CAM 软件生成数控加工程序并传送到 CNC 加工机床完成模具加工。

对于上述两种不同的观点，目前人们更认可第一种观点，因此本节也仅介绍第一种观点的内容。

2. 逆向工程的类型

在 CAD/CAM 中作为产品信息的来源主要有 4 种：设计思维、二维工程图、实物和产品电子信息。根据逆向工程中所使用的研究对象的不同，逆向工程分为影像逆向、软件逆向和实物逆向。就实物逆向而言，又包括形状（几何）逆向、功能逆向、材料逆向和工艺逆向等。下面将介绍面向产品模型的实物逆向和面向二维图片的影像逆向。

8.2.2 逆向技术的应用

世界各国在科技和经济发展过程中，应用逆向工程技术消化、吸收先进技术经验，从而发展本国的科技和经济。据统计，各国 70% 以上的技术源于国外，逆向工程作为掌握技术的一种手段，可使产品研制周期缩短 40% 以上，极大地提高了生产率，增强了经济竞争力。因此研究逆向工程技术，对我国国经济的发展和科学技术水平的提高，具有重大的意义。

逆向工程的应用领域大致可分为以下 7 种情况。

① 在没有设计图样，设计图样不完整或没有 CAD 模型的情况下，在对零件原型进行测量的基础上形成零件的设计图样或 CAD 模型，这样可以使产品设计充分利用 CAD 技术的优势，并适应智能化、集成化产品设计制造过程中的信息交换。

② 某些难以直接用计算机进行三维几何设计的物体（如复杂的艺术造型、人体和动植物外形），目前常用黏土、木材或泡沫塑料进行初始外形设计，再通过逆向工程将实物模型转化为三维 CAD 模型。

③ 由于工艺、美观和使用效果等方面的原因，人们经常需要对已有的产品进行局部修改。

在原始设计没有三维 CAD 模型的情况下,应用逆向工程技术建立 CAD 模型,再对 CAD 模型进行修改,这将大大缩短产品改型周期,提高生产效率。目前,我国在设计制造方面与发达国家还有一定差距,利用逆向工程技术可以充分吸收国外先进的设计制造成果,使我国的产品设计立于更高的起点,同时加速某些产品的国产化速度,在这方面逆向工程技术均起到不可替代的作用。

④ 某项大型设备(如航空发动机、汽轮机组),常会因为某一零部件的损坏而无法使用。通过逆向工程手段,可以快速生产出这些零部件的替代件,从而提高设备的利用率,延长设备的使用寿命。

⑤ 借助于层析 X 射线摄影法(CT 技术),逆向工程不仅可以生产物体的外部形态,而且可以快速发现、度量和定位物体的内部缺陷,这种方法已成为工业产品无损伤的重要手段。

⑥ 当设计需通过实验测试才能定型的产品时,如在航空领域,许多零件具有复杂的自由曲面外形,为了使产品满足空气动力学的要求,常采用逆向工程的方法,首先在初始设计模型的基础上经过各种性能测试(如风洞试验等)建立符合要求的产品模型,最终为零件建立模型和设计模具提供试验依据。

⑦ 在产品外形复杂且特别注重美学设计领域(如汽车外形),广泛采用真实比例的木制或泥塑模型来评估设计的美学效果,这也需要逆向工程的设计方法。

8.2.3 实物逆向的研究内容

实物逆向一般包括数据采集(产品数字化)、数据预处理、曲面重构和建立产品模型等几个阶段。

1. 数据采集(产品数字化)

数据采集是指通过特定的测量设备和测量方法获取零件表面离散点的几何坐标数据。数据采集是逆向工程的关键技术之一。目前,数据采集使用的方法很多,常用的有接触式测量法、非接触式测量法和逐层扫描成像法 3 种,如表 8.4 所列。

表 8.4 数据采集的常用方法

测量方法	说 明	
接触式测量法	三坐标测量机	
	机器手	
非接触式测量法	光学测量	三角测量
		相位偏移
		结构光
		干涉
		图像分析
	超声波测量	
	电磁测量	
逐层扫描成像法	计算机断层扫描成像法	
	核磁共振法	
	层析法	

(1) 接触式测量法

接触式测量法是用机械探头接触实物表面,以获取零件表面上点的三维坐标值。接触式测量法具有测量精度和准确性及可靠性高,适应性强和不受工件表面颜色影响等优点,但测量速度慢,无法测量表面松软的实物。

三坐标测量机 CMM(Coordinate Measuring Machine)是目前广泛使用的,集机、光、电、算于一体的接触式精密测量设备。它一般由主机、测头和电气系统 3 大部分组成,其中测头是三坐标测量机的关键部件,测头的先进程度是 CMM 的先进程度的标志。三坐标测量机的测头可分为硬测头(机械式测头)、触发式测头和模拟式测头三种。

硬测头主要用于手动测量,由操作人员移动坐标轴,当测头以一定的接触力接触到被测表面时,人工记录下该位置的坐标值。由于采用人工测量同时对测量力不易控制,因此测量速度很慢(测头每接触一次只能获得一个点的坐标值),测量精度低。但因价格便宜,目前使用仍较普遍。

触发式测头是英国 Renishaw 和意大利 DEA 等公司于 20 世纪 90 年代研制生产的新型测头。触发式测头的最大功能是它的触发功能,即当探针接触被测表面并产生一定微小的位移时,测头就发出一个电信号,利用该信号可以立即锁定当前坐标轴的位置,从而自动记录下该位置的坐标值。这种测头测量的精度可达 0.03mm,测量速度一般为 500 点/s。具有测量准确性高,对被测物体的材质和反射特性无特殊要求,且不受表面颜色及曲率影响等优点。缺点是不能对软质材料物体进行测量,测头易磨损且价格高。触发式测头是一种很具有发展潜力的测头。在测端接触工件后仅发出瞄准信号的测头称为触发式测头,而除发讯外,还能进行偏移量读数的称为模拟式测头。

(2) 非接触式测量法

根据测量原理的不同,有光学测量法、超声波测量法和电磁测量法等,其中技术较成熟的是光学测量法,如激光扫描法和莫尔条纹法等。激光扫描法又有激光三角法、激光测距法、结构光法、数字图像处理法和干涉法等。

激光扫描法由于数据采集时探头不接触零件表面,因此可以测量表面松软、薄、易变形的实物。其缺点是测量所得数据密集,各点间的拓扑关系不明确,在实物边界处易发生漫反射现象而影响测量精度甚至造成数据丢失。激光三角法(Triangulation)是目前应用较普遍的一种测量技术。它采用激光为光源,从光源投射一亮点或直线条纹到实物表面,从 CCD(Charge Couple Device)相机中获得光束影像,再根据光源、实物表面反射点和成像点三点间的三角关系计算出表面反射点的三维坐标。

莫尔条纹法是将光栅条纹投射到被测物体表面,光栅条纹受物体表面形状的调制,其条纹间的相应关系会发生变化,用数字图像处理的方法解析出光栅条纹图像的相位变化量来获取被测物体表面的三维信息。

(3) 逐层扫描法

逐层扫描法是一种新兴的测量技术,它不受结构复杂程度的影响并可以同时对实物的内外表面进行测量。逐层扫描法有工业计算机断层扫描成像法 ICT(Industrial Computer Tomograph)、核磁共振法 MRI(Magnetic resonance imaging)和层析法 3 种。

层析法是在数控铣床或磨床上,用铣(磨)削方式去除实物中一定厚度的一层材料,然后使用高分辨率的光电转换装置获取该层截面的二维图像,通过对二维图像的处理和分析,得出该层的内外轮廓数据。完成一层的测量后,再去除新一层材料。重复上述步骤,直至完成整个实物的测量,最后将各层的二维数据进行合成,即可得到实物的三维数据。

层析法的实质是快速成形的逆过程,它是一种破坏性的测量方法。

在实物逆向中,数据采集阶段的技术要点是实物边界的确定和表面形状的数字化,其中难点是边界的确定。目前边界的确定除了实物表面延拓求交法外,工程上也常采用人工测量边界或人机交互方式来定义实物的边界。

需要指出的是,虽然目前数据采集设备应用最广的是三坐标测量机,但有时也在数控铣床(加工中心)上或在机器人末端安装测量部件进行数据采集。

2. 数据预处理

通过测量设备对零件进行测量,所得到的点数据一般比较多,尤其是应用激光测量设备所得的数据有时多达几兆甚至十几兆(通常把用激光扫描法所测得的大量的点形象的称为点云 Point Cloud),在对这么多的点数据进行曲面重构前,应对数据采集所得到的大量数据进行预处理。数据预处理一般包括数据平滑、数据清理、补齐遗失点、数据分割,数据对齐和零件对称基准的构建等。

3. 曲面重构

根据曲面的数字信息,恢复曲面原始的几何模型称为曲面重构。曲面重构是建立 CAD 模型的基础和关键。

根据重构方法的不同,曲面重构分为基于点-样条曲面重构法和基于测量点的曲面重构法。

(1) 基于点-样条的曲面重构法

其原理是在数据处理基础上,由测量点拟合生成曲面的网格样条曲线,再利用 CAD/CAM 软件的放样、举升、扫描和边界等曲面类型完成曲面造型,最后通过曲面延伸、过渡、裁剪和求交等编辑操作,将各曲面片光滑拼接或缝合成整体的复合曲面模型。这种方法实际上是通过组成曲面的网格来构造曲面,在曲面重构过程中,通过人机的反复交互,使重构的曲面满足光滑过渡和精度的要求。

(2) 基于测量点的曲面重构法

该方法通常采用曲面拟合的方法。曲面拟合包括曲面插值和曲面逼近。曲面插值是构造一个顺序通过一组有序的数据点集的曲面,通常用于精确测量;而曲面逼近是构造一个在满足精度要求的前提下最接近给定数据点集的曲面,用曲面逼近方法所生成的曲面不必通过所有的数据点。通常用于处理大量的数据点或需要对测量误差和噪声进行处理的情况。

4. 建立产品模型

通过曲面拟合所建立的表面模型中,常常会存在间隙或重叠等缺陷,因而不能满足实体模型对几何实体的拓扑要求。为了建立实体模型,须对拟合生成的曲面进行必要的编辑处理。

在建立产品模型的过程中,特别要注意特征技术的应用。特征不仅包含产品或零件的几何信息,而且包括非几何的功能信息、工艺信息及其他工程语义,因此在建立产品模型时,一个重要目标就是还原这些特征以及它们之间的约束,如果仅还原几何特征而未还原它们之间的几何约束所得到的产品模型是不准确的。目前,对特征建模技术尤其是特征和约束的自动识别方法的研究已逐渐展开。

8.2.4 影像逆向技术

上述的接触式测量法和非接触式测量法在某些数据采集场合中都存在一些缺点,如受实物表面性状态的影响,表面障碍较难处理,测量速度较慢,工作效率较低等。针对这些问题,许多专家学者在探索更先进、快捷和高效的测量方法。影像逆向技术便是其中之一。1995 年 6 月,Pascal Fua 提出了基于立体图像的曲面重构技术,并已经将方法系统化。此外,在 Internet 上也有应用立体照片实现人的面部重构的报道。

相对于目前广泛使用的接触式测量法或非接触式测量法而言,影像逆向技术确实是一种全新的思维。目前影像逆向技术常用的方法有体视法、灰度法和光度立体法等。体视法的工作原理是根据同一个三维空间点在不同空间位置的两个(多个)相机拍摄的图像中的视差,以及相机之间位置的空间几何关系来获取该点的坐标值。立体视觉测量方法可以对处于两个(多个)相机共同视野内的目标进行测量。

8.2.5 逆向工程技术相关软件

伴随着逆向工程及其技术基础研究的进行,其成果的商业化也受到重视。早期是一些商品化的 CAD/CAM 软件集成了专用的逆向工程模块,如 Pro/E 软件的 ScanTool 模块,UG 软件的 Point Cloud 模块,Cimatron 软件的 Reenge 模块等。Cimatron 软件的 ReEnge 模块可以直接读入多种格式的测量数据,提供多种方法将点云生成样条曲线、网格和 NURBS 曲面,最终生成 CAD 模型;ReEnge 模块和 Cimatron 软件的其他模块实现完全集成,ReEnge 模块所生成的三维曲线和曲面可以进行编辑,也可以对曲面进行数控加工。由于市场的需求的增长,有限的功能模块已不能满足数据处理及零件造型等逆向技术的要求,随后便形成了专用的逆向软件。目前面向市场的专用逆向软件产品类型已达数十种之多,其中较具代表性的有 SDRC 公司的 Image Ware SURFacer,英国达尔康公司的 Copy CAD,英国 MDTV 公司的 STRIM 和 SURFACE Reconstruction 等。达尔康公司的 Copy CAD 软件采用三角化曲面造型法,具有强有力的曲面生成能力,可以接受多种坐标测量机的数字化数据,也可以进行多种数据格式的输出以进行其他后续处理。

8.2.6 逆向工程技术的发展趋势

逆向工程技术发展至今,在数据处理、曲面拟合、规则特征识别和专用软件开发等方面已取得了明显的进步。但在实际应用中,整个过程的自动化程度并不高,许多工作仍需要人工完成,技术人员的经验对最终产品的质量仍有较大的影响。为了解决这些问题,需要在以下 5 个方面进行深入地研究。

① 数据测量:开发面向逆向工程的专用测量系统,能根据实物的几何外形和后续应用选择测量方式和测量路径,最终高速高效地实现产品的外形数字化。

② 数据处理:研究适应不同测量方法及后续用途的离散采集点的数据处理技术。

③ 拟合曲面:应能够控制曲面的光顺性和光滑拼接。

④ 识别与重建:有效的特征识别和考虑约束的模型重建,复杂曲面的识别和重建方法。

⑤ 集成技术:开发基于集成的逆向工程技术,包括测量技术、基于特征和集成的模型重建技术和基于网络的协同设计和数字化制造技术等。

8.3 快速成形技术

快速成形(Rapid Prototyping,简称 RP)技术是 20 世纪 80 年代末 90 年代初发展起来的一种先进制造技术,它结合了数控技术、CAD 技术、激光技术、材料科学技术和自动控制技术等多门学科的先进成果。利用光能、热能等能量形式,对材料进行烧结、固化、粘结或熔融,最终成形出零件的三维实物模型。

8.3.1 RP 技术的工作原理和特点

RP 技术的工作原理是根据零件的三维 CAD 实体模型,利用专业切片软件对其进行切片处理,得到模型每层截面的轮廓,再在快速成形设备中用激光或其他方法将材料进行逐层成形,从而形成零件的模型,如图 8.4 所示。RP 技术的工作原理可简单的概括为数据离散和材料堆积。由于 RP 技术是将复杂的三维实体通过切片转换为二维来加工的,因此通常又称为层加工(Layer Manufacturing)。

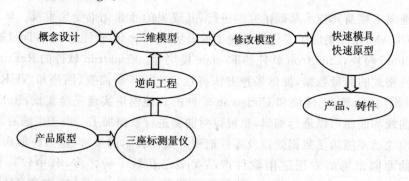

图 8.4 RP 技术的工作流程

RP 技术在实际应用中,大致包括如下 4 个步骤:

① 建立模型 用 CAD 软件(如 UG、ro/E、CATIA 和 I—DEAS)建立零件的三维实体模型。注意,零件的 CAD 模型必须是实体模型,不能为曲面模型。

② 前置处理 前置处理通常包括数据转换(输出 STL 格式文件)、工艺处理(如增加支撑,确定零件的摆放方式)和切片操作等。有些零件由于成形的需要,在零件中需增加一些辅助结构,这些辅助结构既可以在 CAD 软件中完成,也可以在切片软件中完成。

③ 原型制作 在快速成形设备中,用某种工艺和成形材料完成原型的制作。原型制作是 RP 技术的关键。

④ 后置处理 完成模型的制作后,通常需要对制件进行清理,去除制件表面多余的材料或辅助结构,有时也对制件进行喷涂、浸蜡和涂刷树脂等处理,以提高零件的有关性能。

RP 技术具有以下 5 个特点:

① 由于采用分层成形,逐层叠加的成形原理,因此可以成形结构非常复杂的零件。

② 成形过程不需要任何刀具、模具及工艺装备,从而节省了成形的准备时间,大大缩短了产品的生产周期。

③ 产品的单价与批量无关,因此特别适合于新产品样件的制作和单件、小批量零件的

生产。

④ 与传统制造方法相结合，可实现快速制模和快速铸造，为传统制造的方法注入了新的活力。

⑤ 成形过程为全自动控制，不需要人员值守和看护，从而大大降低了操作人员的劳动工作量。

8.3.2 RP 技术在模具行业的应用

RP 技术从出现至今虽仅有 20 余年，但已在很多领域得到了广泛应用，它对技术创新、新产品开发、制造技术及相关学科的发展起着重要的作用。RP 技术在模具行业中主要应用在下列 6 方面：

① 产品造型评估　对于新产品，尤其是结构复杂的新产品，仅仅根据三维 CAD 模型还很难对其做出客观全面的评估。通过 RP 技术，方便快速试制出产品的实物模型，根据实物模型可以及时发现产品设计所存在的不足或错误之处，从而既缩短了新产品开发的研制周期，又避免了设计错误可能带来的损失。

② 产品性能和工程测试　RP 制件在一般场合可以代替实际零件，对产品的有关性能进行综合测评或工程测试，优化产品设计，这样可以大大提高产品投产的一次成功率。

③ 样件展示及样机评价　由于应用 RP 技术很容易制造出新产品的样件，因此，RP 技术已成为开发商与客户之间进行交流沟通的重要手段。

④ 产品装配验证　采用制件进行产品的试装配，以及时发现可能存在的装配问题。

⑤ 快速制模　将 RP 技术与真空注型、熔模铸造和金属电镀等技术相结合，快速制造出模具，用于零件的单件或小批量生产。

⑥ 快速直线制造　在某些应用领域，可用制件直接作为产品的功能零件，从而大大缩短单件或小批量零件的制造过程。一般来说，将 RP 技术应用到新产品开发和快速模具制造有三种工艺路线：一是单件或小批量产品制造，其工艺路线是利用 RP 原型，通过快速真空注射技术制造树脂模具，可用于 50～500 件样品或零件的制造，或直接利用 RP 技术制造金属零件；二是中等批量零件的制造，其工艺方案是利用 RP 原型，采用快速金属喷涂技术制造金属冷喷模，即模具表面为一层金属薄壳，基体为塑料，这种模具可用于批量为 3 000 件以下塑料件的生产；三是大批量零件的制造，其工艺方案是利用 RP 原型进行快速电极制造，再通过电火花加工钢模，用于批量达数万件零件的生产。

8.3.3 常见的快速成形技术

从 20 世纪 80 年代开始至今，世界上已先后出现了 30 余种不同的快速成形技术，如 SLA、SLS、FDM、LOM、3DP、光掩膜法、直接烧结法及尚处于研究之中的直接从 C_2H_2 中提取碳并通过三维堆积制造碳的原型件，使用三维焊接工艺制造钢和铝零件等。就其应用情况而言，SLA、SLS、FDM 和 LOM 四种快速成形技术应用最广，是快速成形的主流技术。下面对这 4 种快速成形技术进行简单介绍。

1. SLA(立体印刷成形)

SLA 是美国 3DSystem 公司开发的快速成形技术，也是研究最早、应用最广的一种快速成形，其制造系统称为 Stereo Lithography Apparatus，简称 SLA 系统。SLA 所用的成形材料是在激光或紫外线照射下能迅速凝固的液态光敏树脂,因此又常称为光敏树脂固化。目前国内的西安交通大学等单位进行了有关的研究。

SLA 成形技术的工作原理是:激光或紫外线在计算机的控制下,按零件切片时所生成的截面信息进行扫描,扫描区域内的光敏树脂迅速凝固,从而成形出零件的一个薄层。一层成形结束后,工作台下降一个薄层的高度,在已成形好的零件表面覆上新的液态树脂,系统对该层进行扫面成形,周而复始,直至整个零件的成形。SLA 系统如图 8.5 所示。

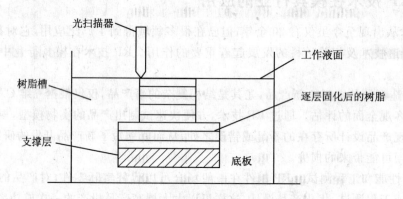

图 8.5　约束液面型结构 SLA 系统示意图

2. SLS(选择性激光烧结)

SLS(Selected Laser Sintering)是美国 DTM 公司开发的一种快速成形技术,目前国内的北京隆源自动成形系统有限公司、华中科技大学和南京航空航天大学等几家单位也在进行有关的研究。

SLS 成形技术的工作原理如图 8.6 所示。在成形时,铺粉装置先在成形缸中铺上一层粉末材料,然后激光束在计算机的控制下,按照截面轮廓信息对制件实体部分所在的区域进行扫描,使粉末的温度升高并达到熔点,粉末颗粒被熔化而相互粘结,激光束不断扫描直至完成一层截面的成形。在该层中,非烧结区的粉末未被激光扫描,因此仍然是松散的粉末,这些松散的粉末可作为工件和下一层粉末的支撑。完成一层成形后,成形缸下降一个截面层的高度,同时料缸上升一定的高度,进行下一层的铺粉和扫描烧结,如此循环,最终完成整个制件的成形。

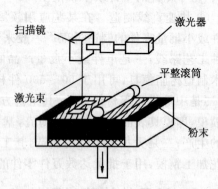

图 8.6　SLS 成形技术的工作原理

选择性激光烧结具有成形材料多、成形工艺简单和成形成本较低等特点。从成形原理上说,SLS 成形方法可适用于任何粉末材料,是目前成形材料种类最多的一种快速成形技术。目前在实际应用中,工艺较成熟的成形材料有石蜡和塑料,陶瓷和金属等成形材料由于熔点较高,尚处于研究阶段。

3. FDM(熔融沉积成形)

FDM(Fused Deposition Modeling)又称为熔化堆积造形、丝材选择性熔积等。研究熔融沉积成形技术的主要有美国 Stratasys 公司和 Med Modeler 公司,其中以 Stratasys 公司开发的产品制造系统应用最广。Stratasys 公司于 1993 年推出了第一台型号为 FDM-1650 的成形设备,此后又推出了 FDM-2000、FDM-3000、FDM-8000 等机型。1998 年,Stratasys 公司与 Med Modeler 公司合作开发了专门用于医学或医学科研机构的 Med Modeler 机型,使用材料是 ABS,逐渐将 RP 技术应用于医学领域,目前国内的清华大学等单位也进行了有关的研究。

FDM 成形技术的工作原理是:加热喷头在计算机的控制下,根据截面轮廓信息做平面和高度方向的运动。丝状热塑性材料由供丝机构送至喷头并在喷头中加热至熔融态,然后被选择性的涂覆在工作台上,快速冷却后形成截面轮廓。完成一层成形后,喷头上升一个截面的高度,再进行下一层的涂敷,如此循环,最终完成整个的原型制作,如图 8.7 所示。

4. LOM(薄型材料选择性切割)

LOM(Laminated Object Manufacturing)的英文直译是分层物体制造。LOM 是开发较早的快速成形技术之一,具有代表性的是美国 Helisya Inc. 公司,该公司于 1992 年就推出型号为 LOM-1015 的快速成形设备。目前,国内的华中科技大学和清华大学等单位进行了有关的研究。LOM 成形技术用的主要材料是纸张和塑料等,这些材料的特点是材料的一面有热熔胶或添加剂。

LOM 的成形技术的工作原理是:开始成形时,供料辊把薄型材料平铺在升降台的基面上,热压辊将薄型材料压平并粘在底层上,激光器产生的激光束按计算机数控系统所给出的移动指令进行运动,切割出工件截面轮廓,同时把周围多余的材料切碎。完成一层的切割后,工作台下降一个薄型材料的厚度,供料辊再铺上一层新的材料,通过热压辊将该层与下一层材料粘合在一起,然后激光器对该层进行切割。逐层粘合,逐层切割,如此反复,直到完成整个原型的制作。LOM 成形技术的系统结构如图 8.8 所示。

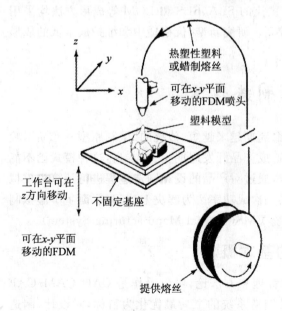
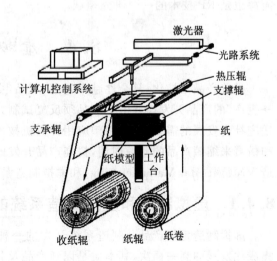

图 8.7 FDM 成形技术的工作原理　　　　图 8.8 LOM 成形系统结构

8.3.4 RP 技术的展望

RP 技术经过十几年的发展,在成形设备和成形材料两大方面均有了长足的进步。由于目前该技术的成本较高,制件精度、强度等许多性能尚未能完全满足用户的要求,因此,RP 技术的推广应用受到了影响。同时,近年来数控机床的价格大幅度降低,高速度高精度数控机床的出现,不少企业和用户转向用 CNC 机床来加工金属或非金属零件、样件或模具,这些都向 RP 技术提出了挑战。但 RP 这种直接从概念设计迅速转为产品的设计制造模式必然是未来制造技术的主流。在 21 世纪 RP 技术的发展趋势主要有以下 5 点:

① 新型成形工艺的研究 SLA、SLS、FDM 和 LOM 四种成形方法都是基于分层叠加的原理,目前一些相关的科研院所正在研究开发新的分层叠加成形工艺,目的是进一步改善制件的性能。如 Connecticut 大学提出了一种基于活性气体分解沉积的成形方法,它使用高功率激光的热能或光能分解出一种活性气体,从而沉积出一层一层的陶瓷或金属轮廓。

② 数据接口的开发 提高数据处理速度和精度,研究开发新的数据转换接口,减少数据处理量和由 STL 数据接口在转换过程中产生的数据缺陷和轮廓失真。

③ 提高 RP 系统的速度以控制精度和可靠性 目前快速成形件的精度一般为 ±0.2 mm。影响制件精度的因素主要有两个方面:一是由 CAD 模型转换成 STL 格式文件及切片处理时所产生的误差;二是成形过程中制件的翘曲变形及成形后制件受潮,内应力及温度变化等所造成的无法精确预计的变形。同时需要开发系列产品以满足不同用户的特殊要求。

④ 高性能成形材料的研究 目前用于快速成形的材料一般仅限于树脂、塑料和纸等,它们与产品的真实材料相比尚有不小的差别,因此在实际应用中,需要利用快速成形进行二次复制。近年来,出现了像 SLS 这类可直接成形金属件或陶瓷件的快速成形机,使成形的制件与真实产品的差别不断减小。

⑤ 新成形能源的研究开发 目前 RP 技术主流的 SLA、SLS 和 LOM 等成形方法均采用激光作为能源,而激光系统的价格及维护成本较高。研究新型、价格适中和维护成本低的成形能源也是 RP 技术的一个研究领域。

8.4 虚拟制造技术

随着产品个性化,复杂性越来越高,产品生命周期越来越短,传统的"试制原型→产品试验→投产"的产品开发模式由于产品须反复试制,造成产品开发周期长、成本高,这种模式已不能适应社会发展的需要,人们希望应用计算机技术,通过对产品的设计制造过程进行计算机模拟和仿真来缩短产品的开发周期,提高产品开发的一次成功率。为解决上述问题,诞生了虚拟制造 VM(Virtutal Manufacturing)和虚拟制造系统 VMS(Virtual Manufacturing System)。

8.4.1 虚拟制造和虚拟制造系统的基本概念

虚拟制造是新产品及制造系统开发的一种哲理和方法论,可以看作是 CAD/CAM/CAE 集成化发展的高一档次,其本质是以新产品及其制造系统的全局最优化为目标,对设计、制造和管理等生产过程进行统一建模。它强调在实际投入原材料与产品实现过程之前,完成产品设计与制造过程的相关分析,以保证制造实施的可行性。虚拟制造技术是基于产品模型、计算机仿真技术、可视化技术及虚拟现实技术,在计算机内完成产品的制造、装配等制造活动的制造技术。正因如此,虚拟制造技术被认为是21世纪的新型生产模式。

虚拟制造的关键技术可分为软件方面的关键技术和硬件方面的关键技术,其中软件方面的关键技术包括可视化技术、仿真技术、信息描述技术、环境构造技术、集成结构技术、制造的特征化技术和VMS的检验与测试技术等;硬件方面的关键技术包括输入/输出设备(如头盔立体显示器、可视化眼镜、三维鼠标和数据衣服),与输入/输出有关的存储信息设备,以及能支持各种设备、数据存储、高速计算和提供高质量画面的计算机系统,网络结构设备和不同站点的硬件设备等。

虚拟制造技术的作用有以下6点:

① 提供影响产品性能,影响制造成本,影响生产周期的相关信息,以便管理者和决策者能够正确的处理产品性能、制造成本、生产进度及投资风险之间的平衡关系,最终做出正确的决策;

② 提高产品的设计质量,减少设计缺陷,优化产品性能;

③ 提高工艺规划和加工过程的合理性,提高制造质量;

④ 通过生产计划的仿真,可以优化资源配置和物流管理,实现柔性制造和敏捷制造,缩短制造周期,降低生产成本;

⑤ 通过提高产品质量,降低生产成本,缩短开发周期及提高企业的柔性,以适应用户的特殊要求和快速响应市场的变化,形成企业的市场竞争优势;

⑥ 通过虚拟企业的概念及具体的实践和实施,组成快速联盟使企业在竞争中赢得机遇和优势。

8.4.2 虚拟制造技术的应用

1. 虚拟制造在板料成形中的应用

传统的板料成形过程通常是"模具设计→模具制造→试模→修改→再试模直至产品满意→制件生产"的模式。解决试模中的起皱、破裂和回弹等问题也主要靠技术人员的经验。这种方法成本高,产品开发周期长,对模具技术人员的要求高。将虚拟技术运用到板料成形中,可以使模具设计人员在计算机上进行模具的设计、调试和板料成形过程模拟,分析板料成形过程中所存在的问题,提出适当的改进方案。力争使问题在模具制造之前即得到解决,以保证模具的一次成功率。

2. 在模具行业中的应用

虚拟制造技术在模具行业中的应用主要体现在产品设计、模具设计、模具制造、模具装配调试和试模等工作均在计算机上进行,从而大大提高了生产效率和产品质量。

8.4.3 虚拟制造技术的展望

随着信息时代的到来,地域差距正在逐渐缩小,制造业全球化是发展的必然趋势;制造业竞争不断加剧,使当前制造业面临极大的挑战,这一挑战主要来源于市场和技术两大方面。每个技术单元同时面向市场和合作伙伴,必须灵活地进行重组和集成,协调各方优势,达到优势互补。

逆向工程与RP技术可使设计概念转换为产品的时间大为缩短。实现逆向工程、RP技术与 CAD/CAM/CAE 虚拟环境的集成,构成一个快速产品开发及其模具制造的综合系统,可以实现从产品的设计、分析、加工到管理的灵活经济的组合方式。这种基于虚拟环境的集成化快速模具制造系统在新产品开发、产品设计评估、装配检验、功能测试以及快速模具制造等方面将有很大的发展,如图 8.9 所示。

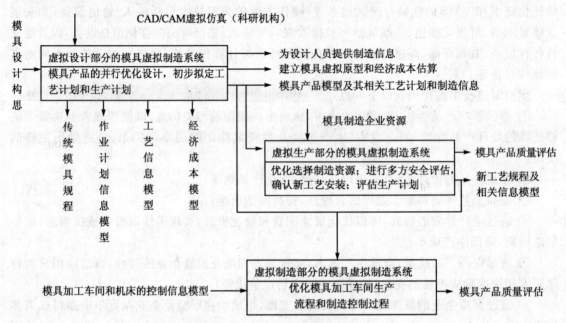

图 8.9 模具虚拟制造系统

参考文献

[1] 肖祥芷,王义林. 模具 CAD/CAM/CAE [M]. 北京:电子工业出版社,2004.
[2] 任秉银. 模具 CAD/CAE/CAM[M]. 哈尔滨:哈尔滨工业大学出版社,2006.
[3] 王文广,田宝善,田雁晨. 塑料注射模具设计技巧与实例[M]. 北京:化学工业出版社,2004.
[4] 周传宏. UGNX4.0 级进模设计实例——入门到精通[M]. 北京:化学工业出版社,2007.
[5] 周其炎. Moldflow 基础与典型范例[M]. 北京:电子工业出版社,2007.
[6] 王卫兵. Moldflow 中文版注塑流动分析[M]. 北京:清华大学出版社,2008.
[7] 范春华,赵剑峰,董立华. 快速成型技术及其应用[M]. 北京:电子工业出版社,2009.
[8] 王鹏驹,成虹. 冲压模具设计师手册[M]. 北京:机械工业出版社,2009.
[9] 孙永涛,杜智敏,何华妹. UGNX4 注射模具设计师就业实战精解[M]. 北京:清华大学出版社,2006.
[10] 谭海林,陈勇. 模具制造工艺学[M]. 长沙:中南大学出版社,2006.
[11] 马朝兴. 冲压工艺与模具设计[M]. 北京:化学工业出版社,2007.
[12] 董湘怀. 材料加工理论与数值模拟[M]. 北京:高等教育出版社,2005.
[13] 彭颖红. 金属塑性成形仿真技术[M]. 上海:上海交通大学出版社,1999.
[14] 王勖成,邵敏. 有限单元法基本原理和数值方法[M]. 北京:清华大学出版社,1988.
[15] 《现代模具技术编委会》. 汽车覆盖件模具设计与制造[M]. 北京:国防工业出版社,1998.
[16] 雷正保. 汽车覆盖件冲压成形 CAE 技术[M]. 国防科技大学出版社,2003.
[17] 新世纪高职高专教材编审委员会组编. CAD/CAM 应用技术[M]. 上海:上海科学技术出版社,2006.
[18] 徐长寿. 现代模具制造[M]. 北京:化学工业出版社,2007.
[19] 谢国明,曾向阳,王学平. UGCAM 实用教程[M]. 北京:清华大学出版社,2003.